HUNDE RASSEN

HUNDE RASSEN

Dr. Bruce Fogle

coventgarden

coventgarden

by Dorling Kindersley

2000 unter dem Titel *Dogs* für Dorling Kindersley produziert von PAGE*One*, Chesham

Bibliografische Information Der Deutschen Bibliothek
Die Deutsche Bibliothek verzeichnet diese Publikation in der Deutschen Nationalbibliografie;
detaillierte bibliografische Daten sind im Internet über http://dnb.ddb.de abrufbar.

Titel dieser englischen Ausgabe von 2002: Dogalog

Übersetzung Hildegard Adelmann
Redaktion und Satz Redaktionsbüro Weinberger, München

ISBN 10: 3-8310-9042-4
ISBN 13: 978-3-8310-9024-6

Colour reproduction by Colourscan, Singapore
Printed and bound in Singapore by Star Standard

Inhalt

Einführung

Urtümliche Hunde 14

Windhunde 26

Laufhunde 48

Spitzartige Hunde 86

Terrier 126

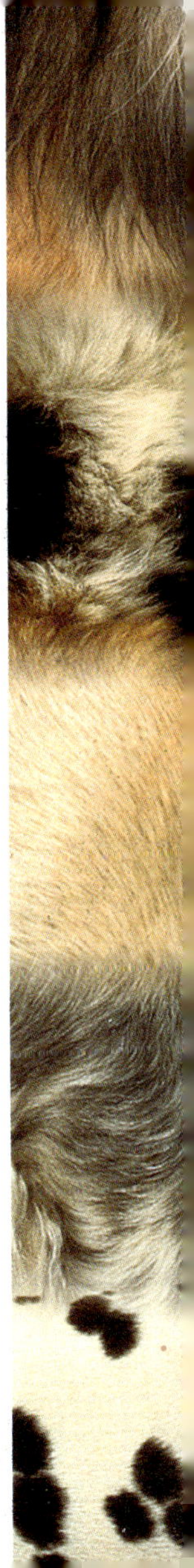

DIE AUSWAHLZUCHT

Die Rassenvielfalt zeigt die Entscheidungen von geschickten Züchtern. Merkmale wie Zwerg- oder Riesenwuchs, Geschwindigkeit, Gehorsam werden seit 5000 Jahren durch Auswahl beeinflusst. Später gaben »schlummernde« Verhaltensweisen wie Verweisen, Vorstehen oder Apportieren dem Hund neue Aufgaben. Heute werden die meisten Hunde nicht für eine bestimmte Arbeit, sondern nach Standards der Zuchtvereine gezüchtet.

GESTALT UND VERHALTEN

In den alten Gesellschaften wurden die Hunde als Nutztiere gezüchtet – zum Bellen als Wachhund oder zur Verteidigung von Land oder Herden gegen Räuber. Ohne etwas von Genetik zu wissen, betonten die Züchter gewisse Verhaltensweisen und Körpermerkmale, indem sie Hunde mit den gewünschten Eigenschaften zur Zucht verwendeten. Einen großen Rüden mit einer großen Hündin zu verpaaren, steigerte die Körpergröße, die Verpaarung zweier Tiere, die das Warnbellen beherrschten, schuf Wachhunde. Durch gezielte Zucht entstanden bestimmte Typen: Nordische und Gebirgshunde mit dichtem, isolierendem Fell,

Bloodhound

Welsh Corgi Cardigan

orientalische, nordafrikanische, indische und südostasiatische Rassen mit kurzem Fell, das wenig Hitze speichert. Anpassung an Klima- und Geländebedingungen und Auswahlzucht ließen Gruppen von Hunden mit ähnlichem Aussehen und Charakter entstehen. Herrscher waren stolz auf ihre Jagdhunde und züchteten sie wegen des Aussehens und der Jagdeigenschaften. Reiche Landbesitzer folgten dieser Mode und viele Frauen an den Höfen Asiens und Europas hielten sich kleine Schoßhunde. Hier zielte die Zucht auf Fellstruktur, Farbe, Größe und Anschmiegsamkeit ab.

Die Rolle der Zuchtverbände

In der Mitte des 19. Jahrhunderts waren Rassehunde Statussymbol und Mode zugleich. Auf den ersten Ausstellungen zeigt man eine Reihe noch sehr ungenau definierter »Rassen«. 1873 wurde in Großbritannien ein Zuchtverband gegründet, der ein Zuchtbuch mit den Stammbäumen von über 4000 Hunden, gegliedert in 40 Rassen, vorlegte. In den nächsten Jahren entstanden in vielen Ländern Zuchtverbände. Alle legten fest, dass auf nach Verbandsregeln durchgeführten Ausstellungen nur im Zuchtbuch registrierte Hunde teilnehmen durften. Diese Regelung beeinflusste die weitere Rassenentwicklung, denn eine Rasse wurde als Gruppe von Hunden definiert, die ein Zuchtverband anerkannte. Ausstellungshunde wurden oft selektiv gezüchtet, um Merkmale an den Rassestandard anzupassen. Der Bulldog hat beispielsweise einen massigen Kopf, der ihm beim Bullenbeißen half. Um auf Ausstellungen zu gewinnen, wurden Bulldoggen mit immer größerem Kopf gezüchtet, bis man die Welpen nur noch mit Kaiserschnitt holen konnte. Bei anderen Rassen ging es um Fellstruktur oder -länge. So hat der Afghane, einst ein Berghund, heute ein üppiges Fell, aber keinerlei Jagdinstinkt mehr.

EINFÜHLSAME ZUCHT

Wenn die Zucht sich von den Ursprüngen des Hundes entfernt, werden Merkmale wie kurze Nasen, extreme Gesichtsfalten oder kurze, krumme Beine betont. Züge, die Lebenskraft und Überlebensfähigkeit des Hundes beeinträchtigen, werden von der Natur wieder ausgemerzt, damit das Tier im Wettbewerb mit robusteren Exemplaren bestehen kann. Doch das, was die Natur als Fehler ansieht, hält der Mensch vielleicht für wünschenswert. Hunde nach Rassestandards zu züchten, die zu Krankheiten oder Behinderungen führen, ist unmenschlich – solche Standards sollten geändert werden. Heute sind viele Züchter mit der Genetik vertraut und versuchen durch Auswahlzucht Erbkrankheiten zu eliminieren. Auch die Zuchtverbände tragen dazu bei und überarbeiten die Standards.

Cairn Terrier

So benützen Sie die Rasseporträts

Im späten 19. Jahrhundert entstanden in vielen Ländern Zuchtverbände, von denen jeder seine eigene Klassifikation schuf. Um diese Unterschiede auszugleichen, bildeten einige europäische Verbände die Fédération Cynologique International (FCI). In ihrer Nomenklatur sind die Rassen in zehn Gruppen und viele Untergruppen aufgeteilt. Die ursprünglichen Zuchtverbände behielten das Recht, für die jeweilige Rasse eigene Standards zu definieren. Doch alle der FCI angeschlossenen Verbände reichen Standards zur internationalen Anerkennung bei der FCI ein. Da man Standards verschieden auslegen kann, haben sich Rassen in unterschiedlichen Ländern unterschiedlich entwickelt. Dieses Buch nützt die Standards der FCI, doch nationale Varianten werden berücksichtigt. Da die FCI Klassifikation kompliziert ist, wird eine vereinfachte Variante verwendet, die sich auf Herkunft, Körper- und Wesensmerkmale stützt. Die Einteilung in Windhunde, Laufhunde, spitzartige Hunde, Terrier, Jagdhunde, Hütehunde und Begleithunde ist willkürlich, aber sinngemäß (einige Rassen könnte man in verschiedene Gruppen einordnen).

28 WINDHUNDE

Greyhound

Mit seiner Spitzengeschwindigkeit von 60 km/h ist der elegante Greyhound weltweit der bekannteste Rennhund. Er setzt sein Tempo und seine Augen ein, um seine Beute einzuholen, sei es ein Tier im Gelände oder eine Hasenattrappe auf Hunderennbahnen. Das liebenswerte und erstaunlich sanftmütige Tier ist ein anhänglicher Hausgenosse. Greyhounds die nicht mehr regelmäßig Rennen laufen, jagen häufig allem nach, was sich bewegt.

Feines, dichtes Haar auf dem muskulösen Nacken

Auf einen Blick

Ursprungsland Ägypten, Großbritannien
Entstehungszeit Altertum
Ursprüngliche Verwendung Hochwildjagd, Begleithund
Heutige Verwendung Renn-, Hetz- und Begleithund
Lebenserwartung 10–12 Jahre
Gewicht 27–32 kg
Widerristhöhe 69–76 cm

Weiss, Reh, Rot, Rot-gestromt, Schwarz-gestromt, Schwarz

Informationen über die Rasse, darunter Herkunft, Verwendung, Lebenserwartung, Synonyme, Gewicht und Widerristhöhe

Abbildung und Benennung der rassetypischen Fellfarben

Foto des Kopfes mit informativen Anmerkungen
Geschichte des Ursprungs, der Entwicklung und der Verwendung der Rasse
Üblicher Rassename, gefolgt von Informationen zum Körperbau, der Funktion, der Geschichte und dem Verhalten der Rasse
GREYHOUND 29
GESCHICHTE DER RASSE Ein 4900 Jahre altes Relief auf einem ägyptischen Grab beweist, wie alt diese Rasse ist. Sie wurde u. a. nach Spanien, China und Persien exportiert, aber erst in Großbritannien zum modernen Greyhound entwickelt. Sein Name beruht auf dem altsächsischen Wort »Grei« (schön).
Der Kopf ist mäßig breit, der Schädel abgeflacht
160 TERRIER
SCOTTISH TERRIER 161
SCOTTISH TERRIER
Dieser stabile, ruhige und fast ein wenig verdrießliche Hund war in Nordamerika immer beliebter als in Europa. Der amerikanische Präsident F. D. Roosevelt hatte seinen Scottie Fala oft auf seinen Reisen dabei. Walt Disney bestärkte das vornehme Image der Rasse mit seinem Film Susi und Strolch. Der etwas zurückhaltende Scottie ist ein guter Begleit- und Wachhund.
GESCHICHTE DER RASSE Der Scottie stammt wohl von den Hunden der westschottischen Inseln ab, die man im 19. Jahrhundert in Aberdeen weiterzüchtete.
WEIZEN
ROT-GESTREIFT
SCHWARZ
SCHWARZ-GESTREIFT
Sehr stämmiger, muskulöser Körperbau
Die Rute verjüngt sich und wird hoch getragen
Sehr kräftige Hinterläufe
Auffallend lange Augenbrauen
Harsches, dickes Deckhaar mit sehr weicher Unterwolle
AUF EINEN BLICK
URSPRUNGSLAND Großbritannien
ENTSTEHUNGSZEIT 19. Jahrhundert
URSPRÜNGLICHE VERWENDUNG Jagd auf Kleinsäuger
HEUTIGE VERWENDUNG Begleithund
LEBENSERWARTUNG 13–14 Jahre
SYNONYME Aberdeen Terrier, Scotch Terrier, Scottie
GEWICHT 8,5–10,5 kg
Symbole für Rassemerkmale
Anmerkungen zur Anatomie der Rasse
Gesunder Vertreter der Rasse

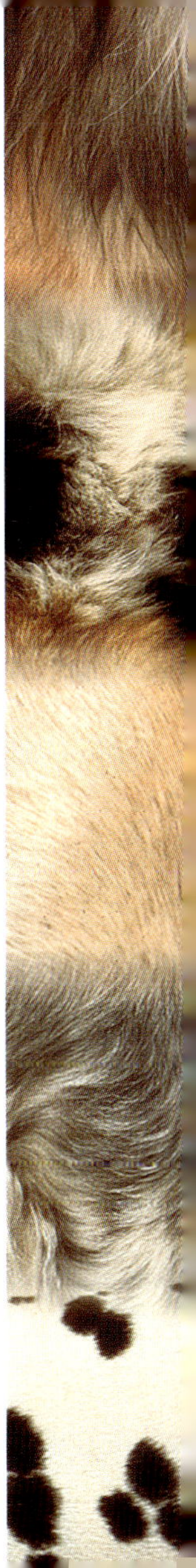

DIE FELLFARBEN-KÄSTCHEN

Fellfarben sind so vielfältig, das ein Wort oft nicht ausreicht, um das zu beschreiben, was das Auge sieht. Jedes gezeigte Kästchen im Buch steht für eine Farbengruppe. Die beigefügte Benennung definiert die Fellfarben der Rasse. So bedeutet Rot, Loh Rot *oder* Loh, Schwarz/Loh Schwarz *und* Loh und Gelb-rot heißt ein gelbliches Rot. Nachfolgend finden sie die Farben, die in den Kästchen gezeigt sind, einige Farben werden nur bestimmten Rassen zugeordnet.

VIELE ODER ALLE FARBEN
Mehr als sechs Farbkategorien oder alle Farben erlaubt

LANG KURZ

CREME
weiß, elfenbein, blond, zitronengelb, gelb und sandfarben

GRAU
silber, schwarz/silber, silber-rehbraun, pfeffer, graumeliert, dunkelgraumeliert schiefer, blau-schwarz grau und grau

GOLD
gelbgold, goldbraun rehbraun, apricot, apricot-rehbraun, weizengelb, gelbbraun, gelbrot, strohblond und senffarben

LANG KURZ

ROT
rot, gelbbraun, loh-rot,rubinrot, kastanienbraun, orange, orangerotbraun, kastanienrotbraun und rotgolden

LEBER
rötlich braun, bronze und Zimttöne

BLAU
blau, blaumarmoriert (blaugrau mit schwarzen Flecken) und blaugefleckt (mit schwarz)

LANG KURZ

DUNKELBRAUN

mahagoni, mittelbraun, dunkelbraun, graubraun, schwärzliches Braun, chocolate, und dunkelchocolate

SCHWARZ

tiefschwarz, fast schwarz – Rassen mit einfarbig schwarzem Fell werden mit dem Alter grau um den Fang.

SCHWARZ UND LOH

deutlich abgegrenzte Farben, schwarz/rot und schwarz/kastanienbraun

BLAU, GEMISCHT MIT LOH

blau gestreift, bläulich schwarz mit loh

LEBER UND LOH

Eine Kombination zweier rötlicher Farben

GOLD UND WEISS

weiß mit zitronengelben, goldenen oder orangefarbenen Flecken

KASTANIENBRAUN, ROT UND WEISS

Kombinationen von Weiß mit Orange, rehbraun, rot und kastanienbraun

LANG KURZ

LEBER UND WEISS

Eine Färbung, die bei Jagdhunden häufig ist, Kombinationen wie braun/weiß und rotbraun

LOH UND WEISS

Eine Kombination, die für viele Laufhunde typisch ist

SCHWARZ UND WEISS

schwarz oder schwarzgescheckt mit weiß

SCHWARZ, LOH UND WEISS

Auch als tricolor (dreifarbig) bezeichnet

ROTGEFLECKT

orange oder mahagonifarbene Scheckung

SCHWARZGEFLECKT

Pfeffer-Salz (eine schwarz/grau Kombination), schwarzgestromt und -getigert

URTÜMLICHE HUNDE

EINE KLEINE GRUPPE von Hunden, die vom Indischen Wolf (*Canis lupus pallipes*) abstammt, bezeichnet man als urtümliche oder Primitivhunde. Dazu gehört der Dingo, auf den »primitiv« durchaus zutrifft, da er auf einer recht frühen Stufe der Domestikation stehen geblieben ist. Vertreter dieser Gruppe sind auch der Mexikanische Nackthund und der Basenji, die jedoch durch die Zucht stark verändert wurden.

ERSTE WANDERBEWEGUNGEN

Die Fachleute sind sich weitgehend darin einig, dass die Gruppen der wandernden Menschen, die vor 10.000 bis 15.000 Jahren sich von Südwestasien aus verbreiteten, von Pariahunden (Aasfressern) begleitet wurden. Vor mindestens 5000 Jahren erreichte der Hund auf den damaligen Wander- und Handelsrouten den Nahen Osten und Nordafrika (die Phönizier handelten im gesamten Mittelmeerraum mit Hunden). Der Pharaonenhund gilt als die älteste Rasse. Abbildungen des im alten Ägypten hoch verehrten Hundes schmücken die Gräber der Pharaonen.

Kanaanhund

FRÜHE ENTWICKLUNG

Zusammen mit den Menschen wanderten die frühen Hunde sowohl westwärts als auch ostwärts. So kamen auch viele Hunde über die damals bestehende Landbrücke (die heutige Beringstraße) nach Amerika. Ein Teil der asiatischen Pariahunde vermischte sich mit nordamerikanischen Wölfen. Fossilien belegen jedoch, dass Hunde mit den »Rassemerkmalen« des Dingos zuerst in den Südwesten (ins heutige Arizona), dann in den Südosten Amerikas (heute Georgia und South Carolina) gelangten.

Basenji

Über den Ursprung der mittel- und südamerikanischen Hunde weiß man kaum etwas. Möglicherweise handelt es sich bei den in Mexiko und Peru heimischen Hunden um die haarlosen Nachkommen asiatischer Pariahunde, die mit Wandervölkern und Händlern weiter in den Süden gezogen sind. Abstammen könnten die Tiere genauso gut von afrikanischen Pariahunden, die europäische Kaufleute nach Mittel- und Südamerika mitgebracht haben.

Australische Hunde

In Australien tauchte der in Südostasien verbreitete Dingo erst vor etwa 4000 Jahren auf. Ein Parasit, der für australische Beuteltiere typisch ist, kommt auch bei manchen asiatischen Wildhunden vor. Daher nimmt man an, dass der Dingohandel – vielleicht von Seefahrern – dann auch zwischen Australien und Asien betrieben wurde. Die ältesten in Neuguinea gefundenen Hundefossilien sind erst 2000 Jahre alt. Einige Völker des pazifischen Raums schätzten Hunde als Wächter und Begleiter. Andere verachteten sie oder betrachteten sie nur als Nahrung.

Natürliche Auslese

Die Entwicklung der Primitivhunde schloss eine Art Selbstdomestikation ein. Je mehr Hunde sich in der Nähe menschlicher Siedlungen einfanden, desto häufiger überlebten nur die kleinen, da sie weniger Nahrung benötigten als die großen. Viele Pariahunde lassen sich leicht zum Gehorsam erziehen. Manche sind sehr zurückhaltend. Einige verharren auf einer niedrigen Domestikationsstufe, ihnen fehlen angezüchtete Eigenschaften wie Körperkraft oder zutrauliches Wesen.

Mexikanischer Nackthund

KANAANHUND

Ursprünglich wurde der Kanaanhund von den Beduinen in der Wüste Negev als Hüte- und Wachhund eingesetzt. Die heutige – in den dreißiger Jahren entstandene – Rasse ist sehr vielseitig. Während des Zweiten Weltkrieges hat man diese Tiere zu Minensuchhunden ausgebildet; einige dienten nach dem Krieg als Blindenhunde. Heute kommt die Rasse als Hüte-, Wach-, Fährten-, Such- und Rettungshund zum Einsatz. Der Hund ist etwas zurückhaltend, aber dennoch eine sehr guter Gefährte.

Auf einen Blick

Ursprungsland Israel

Entstehungszeit Altertum

Ursprüngliche Verwendung Aas- und Abfallfresser (Pariahund)

Heutige Verwendung Hüte-, Wach-, Fährten-, Such-, Rettungs- und Begleithund

Lebenserwartung 12–13 Jahre

Synonyme Kelef K'naani

Gewicht 16–25 kg

Widerristhöhe 48–61 cm

Geschichte der Rasse Der Kanaanhund war ursprünglich ein Pariahund. Seit Jahrhunderten lebt er im Nahen Osten. In den 1930er-Jahren nahm ihn die Kynologin Dr. Rudolphina Menzel in ein so genanntes Reinzuchtprogramm auf, das in Jerusalem durchgeführt wurde. Sie schuf damit die heutige vielseitig verwendbare Rasse, die in den USA sehr beliebt ist.

Tief angesetzte Stehohren mit breiter Basis und abgerundeten Spitzen

Die dunklen Augen sind leicht schräg gestellt

WEISS

SAND

BRAUN

SCHWARZ

BASENJI

Dieser stille, anmutige Hund ist typisch für Rassen, die sich in warmen Klimazonen entwickelt haben. Die Lohfarbe dient der Tarnung. Durch die kurze Behaarung und die weißen Fellbereiche verträgt der Hund die Hitze besser. Diese Merkmale und seine Lautlosigkeit machen den Basenji zu einem tüchtigen Jagdhund. Im Gegensatz zu den meisten anderen Rassen werden die Hündinnen nur einmal im Jahr läufig. Der Basenji bellt nicht, heult aber in Tönen, die an Jodeln erinnern. Der anhängliche Hund neigt zum Streunen.

Der Hals ist lang und muskulös

Die langen, schlanken Läufe ermöglichen schnelle Gangarten

AUF EINEN BLICK

URSPRUNGSLAND Zentralafrika

ENTSTEHUNGSZEIT Altertum

URSPRÜNGLICHE VERWENDUNG Jagdhund

HEUTIGE VERWENDUNG Begleithund

LEBENSERWARTUNG 12 Jahre

SYNONYME Kongohund, Congo Terrier, Bongo, Zande Dogs

GEWICHT 9,5–11 kg

WIDERRISTHÖHE 41–42 cm

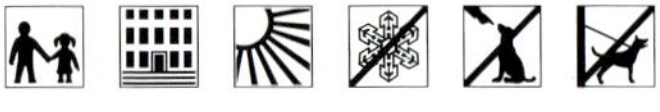

SCHWARZ/ WEISS

LOH/ WEISS

SCHWARZ

GESCHICHTE DER RASSE Der Ursprung dieser Rasse ist unbekannt. Ähnliche Hunde sind jedoch seit der Vierten Dynastie in ägyptischen Gräbern abgebildet. Die heutigen Basenjis stammen von Hunden ab, die nach 1930 aus Zaire kamen.

MEXIKANISCHER NACKTHUND

Wie diese Rasse nach Mexiko gelangte, bleibt wohl für immer ein Rätsel. In aztekischen Ruinen fand man Abbildungen von nackthundeähnlichen Tieren. Wahrscheinlich handelt es sich dabei jedoch um irgendein anderes einheimisches Säugetier, denn die Azteken »schufen« offenbar gern nackte Tiere. Meerschweinchen entfernten sie mithilfe eines Harzes die Haare, um sie dann als Nahrung und Bettwärmer zu verwenden. Die wachsame, lebhafte Rasse wird häufig mit alten afrikanischen Pariahunden oder europäischen Terriern verglichen. Ihr Körperbau erinnert an den klassischer Windhunde, ihr Wesen eher an Foxterrier. Die Zwergformen sind heute beliebter als die Standardform.

GESCHICHTE DER RASSE Belegen zufolge leben die Nackthunde in Mexiko, seit die Spanier das Land im 16. Jahrhundert erobert hatten. Vermutlich kamen die Tiere mit spanischen Kaufleuten nach Mittel- und Südamerika.

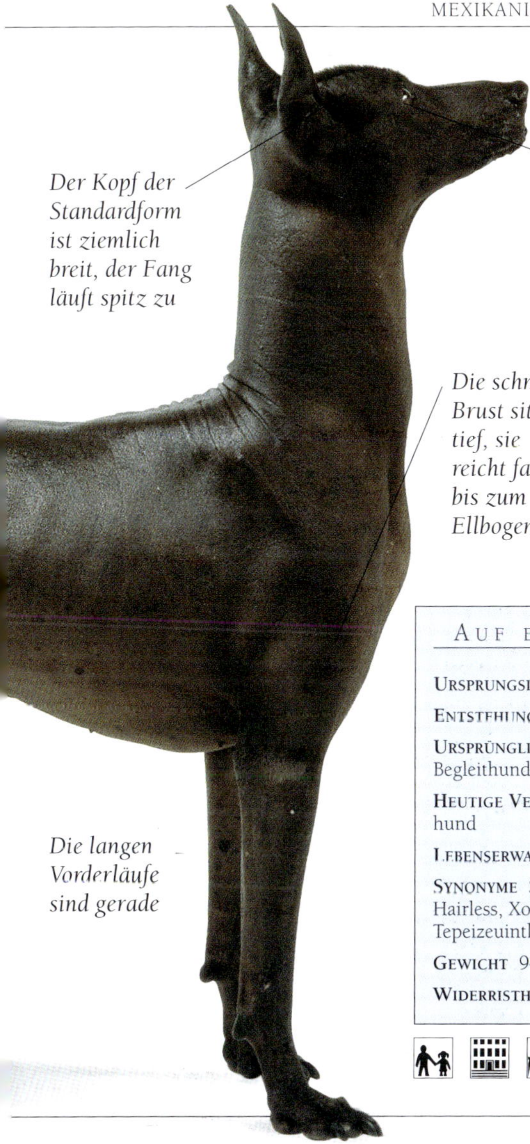

ORANGE

SCHIEFER

SCHWARZ

AUF EINEN BLICK

URSPRUNGSLAND Mexiko

ENTSTEHUNGSZEIT unbekannt

URSPRÜNGLICHE VERWENDUNG Begleithund, Bettwärmer

HEUTIGE VERWENDUNG Begleithund

LEBENSERWARTUNG 12–15 Jahre

SYNONYME Standard Mexican Hairless, Xoloitzcuintli, Tepeizeuintli

GEWICHT 9–14 kg

WIDERRISTHÖHE 41–57 cm

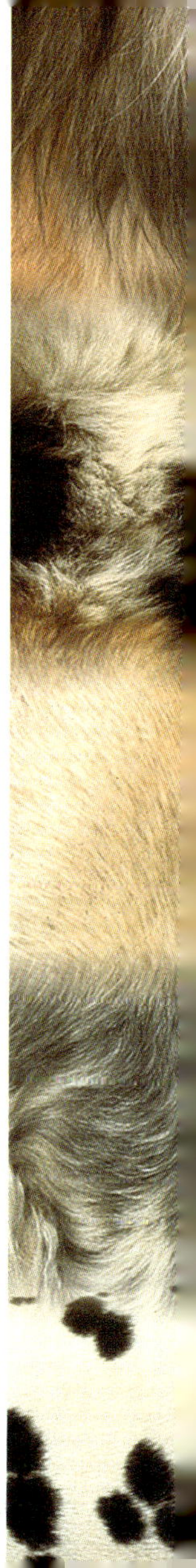

PHARAONENHUND

Knochenfunde beweisen, dass Jagdhunde vom »Typ Pharaonenhund« im Nahen Osten seit gut 5000 Jahren und im übrigen mediterranen Raum seit etwa 2000 Jahren leben. Ihre urprünglichen Merkmale blieben vor allem in isolierten Regionen erhalten, wie auf Malta oder den Balearen. Der Pharaonenhund mit seinem schönen rötlichen Fell ist heute eine beliebte Rasse. Im Gegensatz zu Windhunden, die bei der Jagd nur ihre Augen einsetzen, gebraucht diese Rasse auch Stimme, Nase und Gehör.

AUF EINEN BLICK

URSPRUNGSLAND Malta

ENTSTEHUNGSZEIT Altertum

URSPRÜNGLICHE VERWENDUNG Jagdhund

HEUTIGE VERWENDUNG Begleit- und Jagdhund

LEBENSERWARTUNG 12–14 Jahre

SYNONYME Kelb-tal Fenk (Kaninchenhund)

GEWICHT 20–25 kg

WIDERRISTHÖHE 53–64 cm

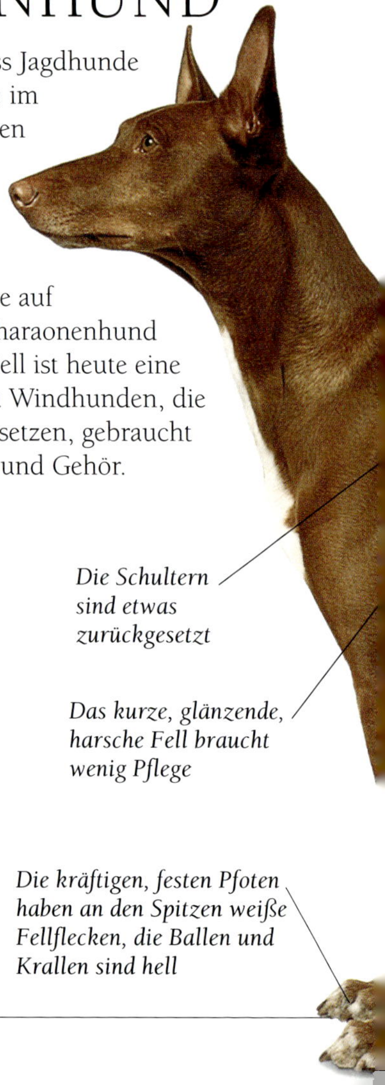

Die Schultern sind etwas zurückgesetzt

Das kurze, glänzende, harsche Fell braucht wenig Pflege

Die kräftigen, festen Pfoten haben an den Spitzen weiße Fellflecken, die Ballen und Krallen sind hell

Geschichte der Rasse Die eleganten, würdevoll wirkenden Pharaonenhunde stammen vermutlich von dem kleinen gelenkigen Wolf ab, der früher auf der arabischen Halbinsel lebte. Phönizische Händler brachten die Hunde vor etwa 2000 Jahren auf die Inseln Malta und Gozo, wo sie in einer reinen Form erhalten blieben.

Der lange, schmale Kopf wirkt wie gemeißelt

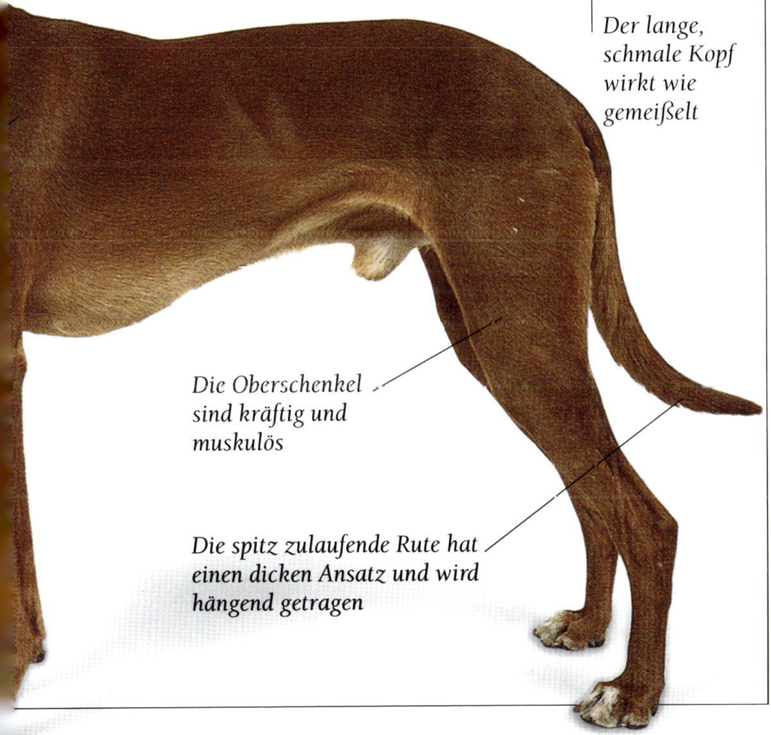

Die Oberschenkel sind kräftig und muskulös

Die spitz zulaufende Rute hat einen dicken Ansatz und wird hängend getragen

IBIZA-HUND

Das Haar des Ibiza-Hundes kann drahtig, weich, kurz oder lang und unterschiedlich gefärbt sein. Obwohl er nach der Baleareninsel Ibiza benannt ist, gelangte die Rasse schon vor langer Zeit auf das spanische Festland, wo man sie als Jagdhund sowie für die Kaninchen- und Hasenhatz einsetzte. Seinem Besitzer gegenüber ist der Hund anhänglich und zuverlässig, Fremden begegnet er manchmal abweisend.

WEISS

REHBRAUN

REH/WEISS

ROT

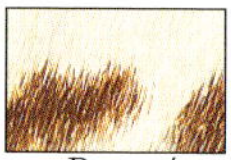
ROT/WEISS

Auf einen Blick

Ursprungsland Balearen

Entstehungszeit Altertum

Ursprüngliche Verwendung Jagdhund (setzt Augen, Nase und Stimme bei der Jagd ein)

Heutige Verwendung Begleit-, Apportier- und Jagdhund

Lebenserwartung 12 Jahre

Synonyme Balearenhund, Ca Eibisenc, Podenco Ibicenco

Gewicht 19–25 kg

Widerristhöhe 56–74 cm

Geschichte der Rasse Schon vor Jahrtausenden brachten Händler den Ibiza-Hund auf die Mittelmeerinseln. Von dort aus breitete sich die Rasse dann bis Südfrankreich aus, wo man sie Charnique nannte.

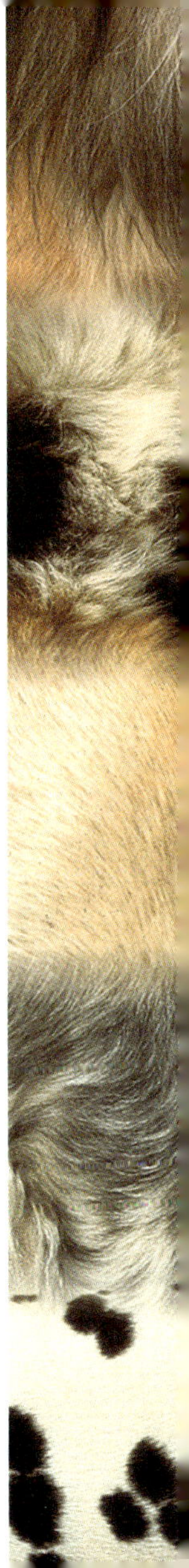

WINDHUNDE

SIE SIND AUF SCHNELLIGKEIT gezüchtet und fliegen wie Pfeile ihrer Beute hinterher. Sie sind große, lange, schlanke, geschmeidige Hunde – das Ergebnis von jahrtausendelanger Auswahlzucht. Sie stammen aus Südwestasien. Einige sind eng mit urtümlichen Hunden, wie dem Balearen-Laufhund und dem Pharaonenhund verwandt. Die Unterscheidung zwischen den Gruppen ist willkürlich.

FRÜHE URSPRÜNGE

Arabien ist die Heimat der ältesten bezeugten Windhunde. Saluki und Sloughi werden dort seit wenigsten 5000 Jahren sorgfältig gezüchtet, um Wüstengazellen zu hetzen. Den aerodymanischen Saluki gab es im alten Persien einmal in 16 Varietäten.

Auch der Afghane (verschiedene Varietäten) wurde in Afghanistan einst tagsüber zur Jagd auf Wüstenfüchse und Gazellen und bei Nacht zur Bewachung des Zeltes eingesetzt. Russlands beliebtesten Windhund, den Barsoi, gab es im Zarenreich in zahlreichen Formen. Züchter versuchen heute viele dieser verlorenen Formen neu zu züchten.

Italienisches Windspiel

Auch südlich, in Indien waren und sind Windhunde beliebt, darunter einige sehr kräftige, hochläufige Hunde zur Schakal- und Hasenjagd.

Wahrscheinlich brachten phönizische Händler die Windhunde in den europäischen Mittelmeerraum und nach Afrika. Der Greyhound, dessen Bilder man in altägyptischen Gräbern gefunden hat, wurde zum kleinen Italienischen Windspiel verändert (wohl von spanischen Züchtern), das als Begleithund dient.

ENTWICKLUNG IN GROSSBRITANNIEN

Die Phönizier, die mit Zinn handelten, könnten vor mehr als 2500 Jahren auch Windhunde nach Großbritannien gebracht haben. Hier betrieb man Auswahlzucht und kreuzte dann

Doggen ein. So entstand der muskulöse und mächtige Irish Wolfhound, der zum Windhund des adels avancierte. Genauso erwählten sich die Häuptlinge im schottischen Hochland den schlanken Deerhound. Der englische Greyhound, der heutige König der Rennstrecke, könnte von den Kelten zur Hasen- und Fuchsjagd nach Großbritannien gebracht worden sein. In jüngerer Zeit hat man den Whippet als Windhund ders kleinen Mannes erzüchtet, genau wie den Lurcher. Außerhalb Asiens und Europas gibt es kaum Windhunde.

Jagen mit den Augen

Obwohl man viele Windhunde heute nur noch als Begleithunde hält, wurden sie alle irgendwann zur Jagd, vor allem mit den Augen gezüchtet – Bewegung entdecken, jagen, fassen und töten. In islamischen Ländern werden nur Windhunde akzeptiert, wohl weil die Beziehung zwischen Jäger und Hund älter ist als der Islam.

Windhunde müssen sich körperlich betätigen und brauchen sehr viel Auslauf. Ihr Wesen ist gutmütig, aber reserviert. Sie sind ruhig, meist kinderfreundlich und besitzen kaum den Trieb, ihr Revier zu verteidigen. Alle Windhunde besitzen jedoch einen starken Jagdinstinkt.

Sloughi

Afghane

GREYHOUND

Mit seiner Spitzengeschwindigkeit von 60 km/h ist der elegante Greyhound weltweit der bekannteste Rennhund. Er setzt sein Tempo und seine Augen ein, um seine Beute einzuholen, sei es ein Tier im Gelände oder eine Hasenattrappe auf Hunderennbahnen. Das liebenswerte und erstaunlich sanftmütige Tier ist ein anhänglicher Hausgenosse. Greyhounds die nicht mehr regelmäßig Rennen laufen, jagen häufig allem nach, was sich bewegt.

Feines, dichtes Haar auf dem muskulösen Nacken

AUF EINEN BLICK

URSPRUNGSLAND Ägypten, Großbritannien

ENTSTEHUNGSZEIT Altertum

URSPRÜNGLICHE VERWENDUNG Hochwildjagd, Begleithund

HEUTIGE VERWENDUNG Renn-, Hetz- und Begleithund

LEBENSERWARTUNG 10–12 Jahre

GEWICHT 27–32 kg

WIDERRISTHÖHE 69–76 cm

WEISS

REH

ROT

ROT-GESTROMT

SCHWARZ-GESTROMT

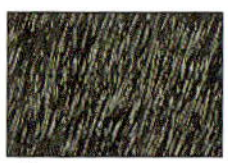

SCHWARZ

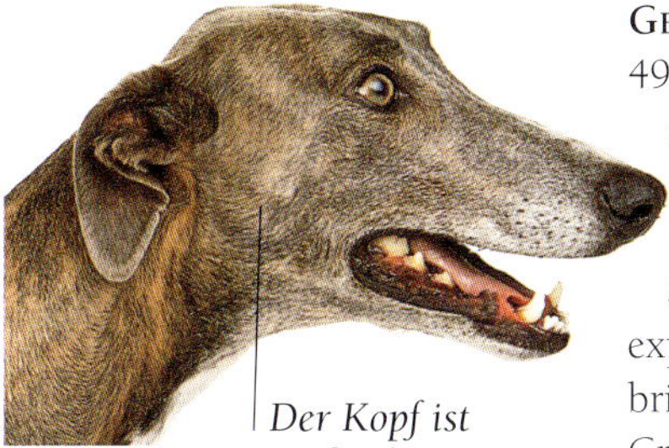

Der Kopf ist mäßig breit, der Schädel abgeflacht

Geschichte der Rasse Ein 4900 Jahre altes Relief auf einem ägyptischen Grab beweist, wie alt diese Rasse ist. Sie wurde u. a. nach Spanien, China und Persien exportiert, aber erst in Großbritannien zum modernen Greyhound entwickelt. Sein Name beruht auf dem altsächsischen Wort »Grei« (schön).

Der geräumige Brustkorb bietet viel Platz für Herz und Lunge

Die langen, geraden Vorderläufe haben starke Knochen

ITALIENISCHES WINDSPIEL

Dieser zierliche Windhund war der Gefährte ägyptischer Pharaonen, römischer Kaiser und europäischer Königinnen und Könige. Für anspruchsvolle Hundefreunde ist das kluge, etwas scheue, aber dennoch selbstbewusste und vielseitige Windspiel ein idealer Begleithund. Sein kurzes, anliegendes Fell haart wenig. Der Hund hat ein ausgeglichenes Wesen, ist nicht anspruchsvoll, schätzt aber die Annehmlichkeiten des Lebens. Mit seinen hohen Läufen und zarten Gliedern wirkt er recht zerbrechlich, seine guten Eigenschaften machen ihn aber zu einem angenehmen Hausgenossen.

AUF EINEN BLICK

URSPRUNGSLAND Italien

ENTSTEHUNGSZEIT Altertum

URSPRÜNGLICHE VERWENDUNG Begleithund

HEUTIGE VERWENDUNG Begleithund

LEBENSERWARTUNG 13–14 Jahre

SYNONYME Piccolo Levriero Italiano

GEWICHT 3–3,5 kg

WIDERRISTHÖHE 33–38 cm

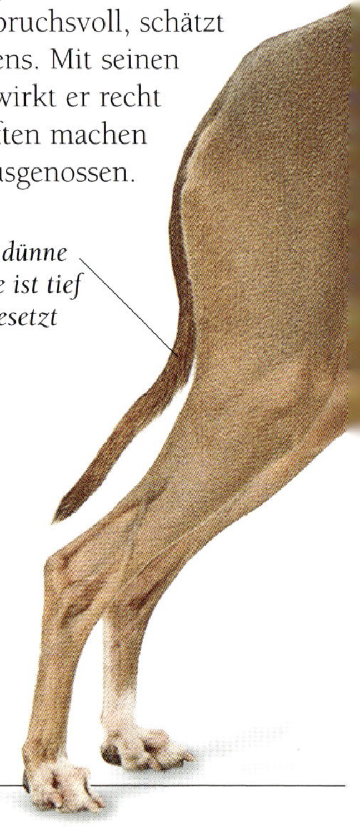

Die dünne Rute ist tief angesetzt

Geschichte der Rasse Diese grazile Rasse gab es schon im alten Ägypten und im antiken Griechenland. Das Windspiel ist die perfekte Miniaturausgabe eines Windhundes. Es wurde vor Jahrtausenden als Begleithund aus größeren Windhundrassen herausgezüchtet.

Kleine, hoch angesetzte Ohren

Hirnschädel und Fang, getrennt durch große Augen, sind gleich lang

Die tiefe Brust ist ein Zeichen für Ausdauer, die der Hund aber selten ausnutzt

Das kurze, feine, dicht anliegende Haar bedeckt die dünne, straffe Haut

Creme — Reh — Blau — Schwarz

Whippet

Sein aerodynamisch perfekter Körperbau ist ideal für einen Rennhund und trägt dazu bei, dass der grazile Whippet auf kurzen Strecken Spitzengeschwindigkeiten von mehr als 65 km/h erreicht. Der sehr zerbrechlich wirkende Vierbeiner genießt es durchaus, sich gemütlich auf dem Sofa oder im Bett zusammenzurollen. Jedoch im Gelände oder auf der Rennbahn verwandelt er sich in einen leistungsfähigen, furchtlosen und erfolgreichen Hetzhund. Der sanftmütige, anhängliche Windhund hat eine überdurchschnittlich hohe Lebenserwartung. Sein kurzes Fell benötigt wenig Pflege, allerdings ist seine dünne Haut anfällig für Verletzungen.

Die leuchtend braunen Augen blicken sanft und aufmerksam

Alle Farben

Auf einen Blick

Ursprungsland Großbritannien

Entstehungszeit 19. Jahrhundert

Ursprüngliche Verwendung Hetz- und Rennhund

Heutige Verwendung Begleit-, Hetz- und Rennhund (bevorzugt auf Hunderennbahnen)

Lebenserwartung 13–14 Jahre

Gewicht 12,5–13,5 kg

Widerristhöhe 43–51 cm

Geschichte der Rasse

Hasenhatz war in Nordengland im 19. Jahrhundert ein sehr populärer Sport, der mit Terriern betrieben wurde. Um deren Geschwindigkeit zu erhöhen, kreuzte man gute Hetzterrier mit kleinen Greyhounds. Daraus entstand der sehr graziöse Whippet von heute.

LURCHER

Der in Irland und Großbritannien beheimatete Lurcher ist außerhalb dieser Länder kaum bekannt. Die Rasse wird nicht nach einem bestimmten Standard gezüchtet. Früher war der Lurcher das Ergebnis von Kreuzungen zwischen Greyhounds und Collies oder Terriern. Um ihre Fähigkeiten als Hasen- und Kaninchenhetzer zu erhalten, wird die Zucht heute systematischer betrieben, indem man die Lurcher untereinander verpaart. Es gibt einen lang- und einen kurzhaarigen Schlag. Seine Anhänglichkeit macht den Hund zu einem guten Gefährten. Als Stadthund ist er ungeeignet, da er sehr viel Auslauf braucht. Er rennt gern, verfolgt und tötet jedes kleine Wild.

AUF EINEN BLICK

URSPRUNGSLAND Großbritannien, Irland

ENTSTEHUNGSZEIT 17. Jahrhundert

URSPRÜNGLICHE VERWENDUNG Hetzhund (Hasen und Kaninchen)

HEUTIGE VERWENDUNG Begleit- und Hetzhund

LEBENSERWARTUNG 13 Jahre

GEWICHT 27–32 kg

WIDERRISTHÖHE 69–76 cm

VIELE FARBEN

GESCHICHTE DER RASSE
Gezüchtet wurde der Lurcher von irischen Zigeunern in Irland und Großbritannien. Der Name beruht auf dem Zigeunerwort »lur« (Dieb). Hoch begehrt waren die von Greyhounds abstammenden kurzhaarigen Formen, die bestens Hasen und Kaninchen wilderten.

DEERHOUND

Der Besitz des stattlichen, sanftmütigen Deerhounds war einst das Privileg des schottischen Adels. Die Rasse wurde für die Hirschhatz im schottischen Hochland eingesetzt. Nachdem man im frühen 18. Jahrhundert die Wälder abgeholzt und Jagdgewehre eingeführt hatte, verlor der bis dahin beliebte Hund an Bedeutung. Heute findet man diesen würdevollen Hund am häufigsten in Südafrika, in Schottland nur noch selten. Der Deerhound ist ein typischer Windhund, wenn auch mit einem dichten, wetterfesten Fell. Der gutmütige Vierbeiner verträgt sich gut mit anderen Hunden.

Auf einen Blick

Ursprungsland Großbritannien

Entstehungszeit Mittelalter

Ursprüngliche Verwendung Jagdhund (speziell für die Hirschjagd)

Heutige Verwendung Begleithund

Lebenserwartung 11–12 Jahre

Gewicht 36–45 kg

Widerristhöhe 71–76 cm

Geschichte der Rasse Dokumentiert ist der Deerhound seit dem Mittelalter, als schottische Clanfürsten ihn als Jagdhund einsetzten. Die Auflösung des Clansystems (1746) bedrohte den Fortbestand der Rasse, für deren Erneuerung später der einheimische Züchter Duncan McNeil sorgte.

Reh

Rot

Rot-gestromt

Blau-grau

Grau

Schwarz-gestromt

Die Rückenbehaarung ist harscher und drahtiger als am Bauch

IRISH WOLFHOUND

Vermutlich ist dieser Hunderiese mit den Römern nach Irland gekommen. Die Kelten setzten ihn für die Wolfsjagd ein. Aus Zuchtstämmen, die mit dem alten Wolfshund verwandt waren, gelang Mitte des 19. Jahrhunderts die Regeneration der alten Rasse. Sein treues, anhängliches Wesen machen den modernen Irish Wolfhound zu einem ausgezeichneten Begleit- und Wachhund. Wegen seiner stattlichen Größe braucht er viel Platz, daher eignet er sich nicht so gut für ein Leben in der Stadt.

Über den Augen und am Unterkiefer ist das raue, stabile Haar sehr struppig

Muskulöse Vorderläufe mit festen Knochen

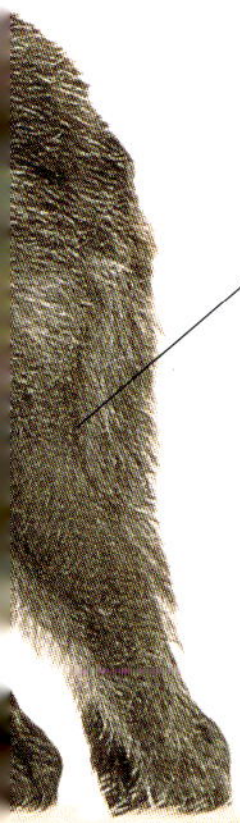

Auf einen Blick

Ursprungsland Irland

Entstehungszeit Altertum und 19. Jahrhundert

Ursprüngliche Verwendung Wolfsjagd

Heutige Verwendung Begleithund

Lebenserwartung 11 Jahre

Gewicht 40–45 kg

Widerristhöhe 71–90 cm

Wie beim Greyhound sind die Schenkel lang und gerade

Viele Farben

Geschichte der Rasse Diese edle – seit fast 2000 Jahren in Irland heimische – Rasse stand Mitte des 19. Jahrhunderts kurz vor dem Aussterben. Dank der Bemühungen des britischen Offiziers G. A. Graham konnte sie regeneriert werden.

Langer Rumpf und tiefe Brust

Barsoi

Im heutigen Russland (und in der ehemaligen Sowjetunion) nennt man alle Windhunde *borzoi*, zum Beispiel den Tasy, Taigan, Südrussischen Steppenwindhund oder den Chortaij. Größe, Geschwindigkeit, Kraft und der ausgewogene Körper machen den Barsoi zu einem exzellenten Jäger. Die Adligen im alten Russland schätzten die Wolfshatz und setzten den Barsoi, der fast jeden Wolf einholen konnte, dafür ein. Wenn die Hunde zu zweit jagten, packten sie ihre Beute am Nacken und hielten sie am Boden fest. Seit etwa hundert Jahren wird die Rasse nur noch als Begleithund gezüchtet. Seine speziellen Jagdeigenschaften hat der Barsoi verloren, aber als liebenswerter Hausgenosse ist er sehr beliebt.

ALLE FARBEN

Die langen Pfoten sind mit kurzen Haaren bedeckt

AUF EINEN BLICK

URSPRUNGSLAND Russland

ENTSTEHUNGSZEIT Mittelalter

URSPRÜNGLICHE VERWENDUNG Wolfshatz und -jagd

HEUTIGE VERWENDUNG Begleithund

LEBENSERWARTUNG 11–13 Jahre

SYNONYM Russischer Windhund

GEWICHT 35–48 kg

WIDERRISTHÖHE 69–79 cm

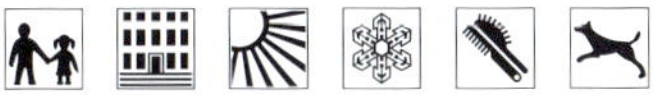

GESCHICHTE DER RASSE Anfangs wurde der Barsoi gezüchtet, um seine russischen Besitzer vor Wölfen zu beschützen. An der Entwicklung der Rasse waren wahrscheinlich der Saluki, der Greyhound und ein schlanker Schlag des Russischen Schäferhundes beteiligt.

AFGHANE

Ein rennender Afghane übertrifft alle anderen Rassen an Schönheit, Anmut, Eleganz und Würde. In westlichen Ländern wird bei der Zucht dieses schönen Windhundes Wert auf das Aussehen gelegt, nicht auf seine Gebrauchstüchtigkeit. In Afghanistan verwendet man das sensible Tier immer noch zum Hüten von Schafen und Ziegen oder für die Wolfs- und Fuchsjagd. Sein dickes, langes Haarkleid schützt ihn in seiner Heimat vor der Kälte. Hält man den Hund als Hausgenossen, muss man das Fell täglich bürsten, damit es nicht verfilzt. Und er muss konsequent zum Gehorsam erzogen werden, da er einen starken Unabhängigkeitsdrang besitzt.

Die kurzen Nackenhaare liegen eng an

Üppige Behaarung an den großen, kräftigen Pfoten

Geschichte der Rasse Wie die Rasse aus dem Nahen Osten nach Afghanistan gelangt ist, weiß man nicht. Dort gibt es drei Schläge: kurzhaarig wie der kirgisische Taigan, fransig behaart wie der Saluki sowie lang und dicht behaart wie der echte Gebirgshund, der erstmals 1907 im Westen anzutreffen war.

Die langen Haare an der Brust sind fein

Die Rute ist tief angesetzt

ALLE FARBEN

Auf einen Blick

Ursprungsland Afghanistan

Entstehungszeit Altertum, 17. Jahrhundert

Ursprüngliche Verwendung Großwildjadg

Heutige Verwendung Begleit-, Hüte- und Jagdhund

Lebenserwartung 12–14 Jahre

Synonyme Afghanischer Windhund

Gewicht 23–27 kg

Widerristhöhe 64–74 cm

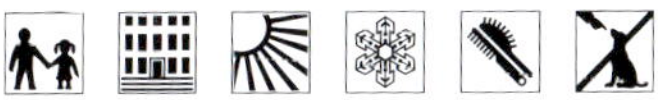

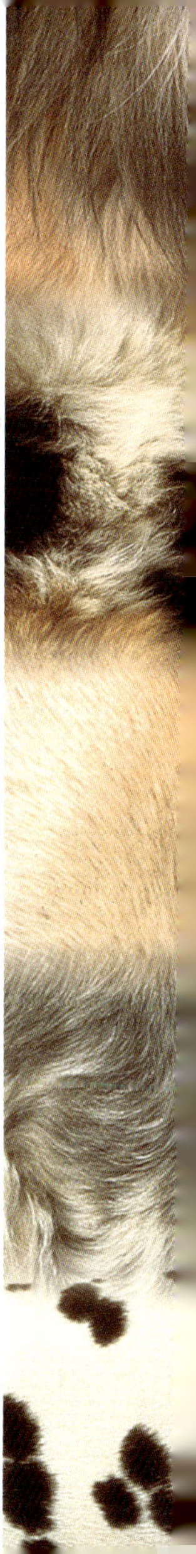

SALUKI

Nach den Glaubensregeln des Islam gelten Hunde als unrein. Nur beim Saluki machte man eine Ausnahme, sodass er auch von Strenggläubigen im Haus gehalten werden konnte. Bei der Jagd verwendeten die Beduinen Beizvögel, die über dem Wild kreisten und es abbremsten. So konnte der Saluki die Beute einholen und stellen. Früher wurde der Hund auf einem Kamel zur Jagd getragen, um seine Pfoten vor dem heißen Sand zu schützen. Heute wird er im Auto transportiert.

Die Behaarung der Ohren ist sehr lang

Die Beinmuskulatur ist nicht so gut entwickelt wie beim Greyhound

AUF EINEN BLICK

URSPRUNGSLAND Persien

ENTSTEHUNGSZEIT Altertum

URSPRÜNGLICHE VERWENDUNG Gazellenjagd

HEUTIGE VERWENDUNG Begleit-, Renn- und Hetzhund (Hasenhatz)

LEBENSERWARTUNG 12 Jahre

SYNONYME Gazellenhund, Persischer Windhund

GEWICHT 14–25 kg

WIDERRISTHÖHE 58–71 cm

WEISS, CREME

ROT, GOLDEN

SCHWARZ/ LOH

REHBRAUN

TRIKOLOR

GESCHICHTE DER RASSE Der Saluki ähnelt den Hunden, die in Pharaonengräbern abgebildet sind. Den nomadisierenden Beduinenstämmen diente er als Jagdgehilfe. Möglicherweise wird dieser Hund seit längerer Zeit selektiv gezüchtet als jede andere Hunderasse.

SLOUGHI

Wie den Saluki behandelte man auch den Sloughi in seiner Heimat wie ein Familienmitglied. Starb so ein Hund, trauerte man tief um ihn. Zwar ähnelt diese Rasse dem Saluki in Körperbau und Verhalten, ihr Fell ist jedoch kurz und eng anliegend. Die Farben seines Fells (sandfarben und ein sehr helles Braun) waren eine gute Tarnung bei der Jagd auf Gazellen, Hasen, Feneks und andere Wüstentiere. Der von Natur aus äußerst wachsame Sloughi verhält sich Fremden gegenüber häufig sehr aggressiv. Als Hund für eine Familie mit Kindern ist er nicht geeignet, da er sich wegen seines nervösen Wesens nur in einer ruhigen Umgebung richtig wohl fühlt.

AUF EINEN BLICK

URSPRUNGSLAND Nordafrika

ENTSTEHUNGSZEIT Altertum

URSPRÜNGLICHE VERWENDUNG Hüte- und Jagdhund

HEUTIGE VERWENDUNG Begleithund

LEBENSERWARTUNG 12 Jahre

SYNONYME Arabischer Windhund, Slughi

GEWICHT 20–27 kg

WIDERRISTHÖHE 61–72 cm

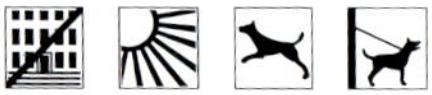

Das Sprunggelenk liegt tief und ist mäßig gewinkelt

Geschichte der Rasse Der Sloughi begleitete wahrscheinlich die arabischen Nomadenstämme, die vor 1000 Jahren nach Nordwestafrika kamen. Vielleicht stammt er aus der jemenitischen Stadt Saloug.

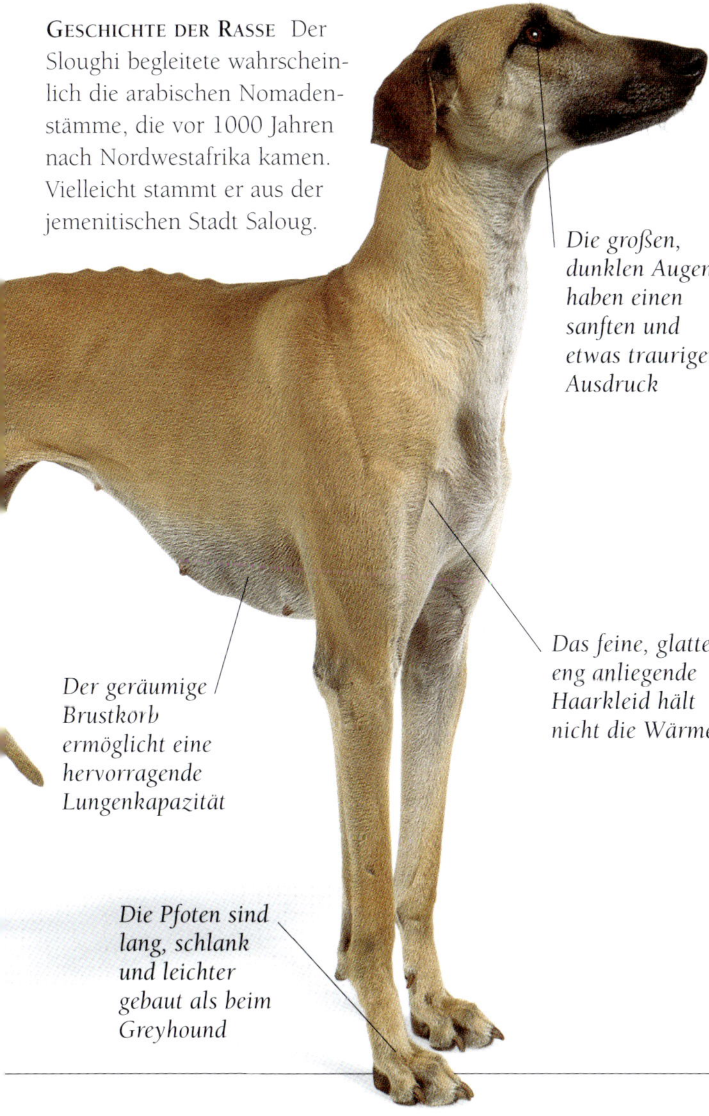

LAUFHUNDE

WÄHREND WINDHUNDE sich bei der Jagd auf ihr scharfes Auge und ihre Geschwindigkeit verlassen, gebrauchen Laufhunde ihre Nasen und ihre Ausdauer, um Beute zur Strecke zu bringen. Der Bloodhound, dessen Nasenschleimhaut eine größere Fläche hat als der ganze Körper, ist der beste Spürhund. Der Windhund jagt lautlos, während der Laufhund bellt oder heult, wenn er die Witterung aufnimmt.

JAGDGEFÄHRTEN

Nirgends wurden erfolgreicher verschiedene Laufhunde entwickelt als im mittelalterlichen Frankreich. Hunderte von Meuten, die bis zu 1000 Hunden umfassten, dienten in den Parks und Wäldern dem Vergnügen des französischen Königs und seiner Freunde. Einige Laufhunde waren kurzhaarig, andere, Griffons genannt, waren drahthaarig. Andere, die Bassets, wurden kurzläufig gezüchtet, damit die Jäger ihnen zu Fuß folgen konnten. In Frankreich entstanden andere große Hunde, darunter der Grand Bleu de Gascogne. Einige sind heute sehr selten oder sogar ausgestorben. Kleinere Jagdhunde, Harriers (nach dem normannischen *harier*, jagen), kamen zur gleichen Zeit wie Bassetrassen auf: Basset Bleu de Gascogne, Basset Fauve de Bretagne, Grand und Petit Basset Griffon Vendéens. Britische Adelige erwarben regelmäßig französische Laufhunde. Französische

American Foxhound

Züchter entwickelten viele anglo-französische Laufhunde, von denen es viele noch heute gibt.

Alle Laufhunde wurden auf Jagdeigenschaften gezüchtet, nicht auf Aussehen oder Bau. Die in Frankreich begonnene Arbeit erreichte in Großbritannien in der Entwicklung von Rassen wie Basset Hound, Foxhound, Beagle, Otterhound und Harrier ihren Höhepunkt. Nachkommen dieser Hunde kamen in die USA, aus ihrem Genpool stammen der American Foxhound und praktisch alle amerikanischen Coonhounds.

Grand Basset Griffon Vendéen

sie griffen auf Zuchtstämme aus Mitteleuropa und Russland zurück. Laufhunde waren im Besitz des Adels, sie kamen hauptsächlich in Europa vor.

Spezialisierte Fähigkeiten

In Deutschland wurde der Dackel, ein kleinwüchsiger Laufhund (doch als Erdhund gezüchtet), mit hochläufigen Laufhunden gekreuzt. Züchter entwickelten Hunde, die einer bereits mehrere Tage alten Blutspur folgen konnten. Schweizer Jäger folgten ihren Hunden meist zu Fuß, daher züchteten sie kurzläufige Rassen, während man in der k.u.k. Monarchie, wo der Adel zu Pferd jagte, hochläufige Berghunde züchtete. Norwegische, schwedische, finnische und polnische Züchter entwickelten gewissenhaft eine Vielfalt an tüchtigen Laufhunden,

Grand Bleu de Gascogne

Zur Arbeit bestimmt

Der Geruchssinn von Laufhunden ist fantastisch, sie arbeiten mit großer Intensität. Ihre meist langen Hängeohren schaffen eine Luftbewegung, die ihnen beim Aufnehmen der Witterung hilft. Auch ihre hängenden feuchten Lefzen können Gerüche erfassen. Laufhunde sind meist freundlich zu Kindern und anderen Hunden. Sie sind reservierter als Terrier, aber angenehme Begleit- und gelehrige Jagdhunde. Laufhunde sind bei der Arbeit meist zufrieden, egal ob sie der Fährte eines Fuchses oder eines anderen Hundes folgen.

BLOODHOUND

Weltweit lassen sich Laufhundrassen auf diesen uralten Fährtenhund zurückführen, wie die amerikanischen Coonhounds, der Bayerische Gebirgsschweißhund oder die Jura-Laufhunde. Die Farben der heutigen Bloodhounds sind: Schwarz und Loh, Leber und Loh oder Rot. Im Mittelalter gab es noch andere Farben. Die weiße Varietät (Talbot), die im mittelalterlichen Europa existierte, starb im 17. Jahrhundert aus. Ihre Gene jedoch blieben in Hunden wie dem weißen Boxer und dem dreifarbigen Basset erhalten. Die Stärke des Bloodhounds ist das Verfolgen, nicht das Töten des Wilds. Man ließ ihn daher auch Kriminelle, entlaufene Sklaven oder verirrte Kinder aufspüren. Heute dient die Rasse mit dem behäbigen Gang und der kräftigen Stimme als Schweiß- und Begleithund. Sie besitzt ein liebenswürdiges Wesen, ist aber dennoch schwer zum Gehorsam zu erziehen.

Die Lefze hängt 5 cm unter dem Kieferknochen

GESCHICHTE DER RASSE Über Jahrhunderte züchtete man in Belgien im Kloster St. Hubertus sehr gute Spürhunde. Gleichzeitig wurden in Großbritannien fast identische Laufhunde erzüchtet. Die Vorfahren beider Formen kamen vermutlich mit heimkehrenden Kreuzfahrern aus dem Nahen Osten nach Europa.

AUF EINEN BLICK

URSPRUNGSLAND Belgien

ENTSTEHUNGSZEIT 16. Jahrhundert

URSPRÜNGLICHE VERWENDUNG Spürhund

HEUTIGE VERWENDUNG Begleit- und Schweißhund

LEBENSERWARTUNG 10–12 Jahre

SYNONYME Hubertushund, Bluthund, Chien de Saint-Hubert

GEWICHT 36–50 kg

WIDERRISTHÖHE 58–69 cm

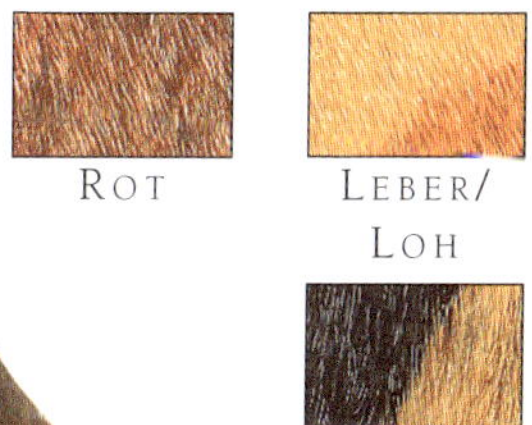

ROT

LEBER/LOH

SCHWARZ/LOH

BASSET HOUND

Einst gehörte der etwas eigensinnige, aber stets gutmütige und sanfte Basset zu den herausragenden Jagdhunden. Ins Gelände zu Wettbewerben geht man heute nur noch mit den schlankeren Bassets, die einen leichteren Körperbau und längere Läufe haben als der typische Familienhund. Dieser ist schwer, lang und niedrig gebaut. Die Rasse zählt heute zu den Lieblingsmotiven der Karikaturisten und Werbegrafiker. In den USA gilt die Cartoonfigur »Fred Basset« als Verkörperung der wahren Komik.

Tief liegende sanft blickende Augen

GESCHICHTE DER RASSE Möglicherweise waren »verzwergte« Bloodhounds die Ahnen des Basset Hounds. Die aus Frankreich stammende Rasse ist heute in Großbritannien und den USA sehr beliebt.

DREIFARBIG

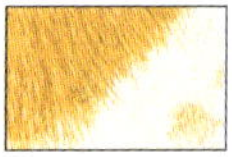

ZITRONE/WEISS

Die Hinterhand ist rund und stark bemuskelt

Die Rute wird leicht aufwärts gebogen getragen

AUF EINEN BLICK

URSPRUNGSLAND Frankreich

ENTSTEHUNGSZEIT 16. Jahrhundert

URSPRÜNGLICHE VERWENDUNG Kaninchen- und Hasenjagd

HEUTIGE VERWENDUNG Begleit- und Jagdhund

LEBENSERWARTUNG 12 Jahre

GEWICHT 18–27 kg

WIDERRISTHÖHE 33–38 cm

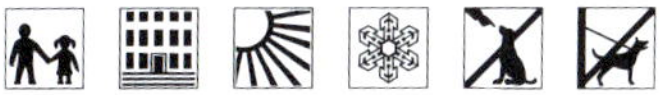

GRAND BLEU DE GASCOGNE

Die Rasse stammt aus Frankreichs trockenheißem Südwesten. In den USA, wo sie seit dem 18. Jahrhundert gezüchtet wird, ist sie weitaus häufiger zu finden als in ihrer Heimat. Hier wie dort dient der elegante, würdevolle Grand Bleu überwiegend als spurensicherer Jagdgebrauchshund. Der Hund läuft zwar nicht besonders schnell, dafür aber sehr ausdauernd. Nachdem man in Frankreich die Wölfe ausgerottet hatte, nahm der Grand-Bleu-Bestand ab. Die Tiere, die vor hundert Jahren auf französischen Hundeausstellungen gezeigt wurden, waren fast alle schwarz.

Die kastanienbraunen Augen blicken sanft und »bekümmert«

Sehr tief angesetzte und leicht gewendete Ohren

AUF EINEN BLICK

URSPRUNGSLAND Frankreich

ENTSTEHUNGSZEIT Mittelalter

URSPRÜNGLICHE VERWENDUNG Hirsch-, Wildschwein- und Wolfsjagd

HEUTIGE VERWENDUNG Jagdhund, mitunter auch Meutehund

LEBENSERWARTUNG 12–14 Jahre

SYNONYM Großer Blauer Gascogner

GEWICHT 32–35 kg

WIDERRISTHÖHE 62–72 cm

Geschichte der Rasse Möglicherweise stammt diese alte Rasse von Windhunden ab, die phönizische Händler nach Frankreich gebracht hatten. Seine Verwandtschaft mit dem Bloodhound ist unverkennbar.

Basset Bleu de Gascogne

Mit seinem ausgeprägten Geruchssinn und dem kräftigen Spurlaut ist der Basset Bleu ein hervorragender Jagd- und Begleithund. Ihn zum Gehorsam zu erziehen, ist nicht schwer. Er ist sogar ein ganz guter Wachhund. Wegen seines recht kurzen Fells gilt er als kälteempfindlich. Einigen Züchtern zufolge ist er anfällig für die lebensbedrohende Magendrehung, die nach einer reichlichen Mahlzeit eintreten kann.

Die langen Ohren sind gefaltet und so lang wie der Fang

Man »verzwergte« die Läufe, um das Tempo des Hundes zu drosseln

Auf einen Blick

Ursprungsland Frankreich

Entstehungszeit Mittelalter, 19. Jahrhundert

Ursprüngliche Verwendung Jagdhund

Heutige Verwendung Begleit- und Jagdhund

Synonym Blauer Gascogner Basset

Lebenserwartung 12–13 Jahre

Gewicht 16–18 kg

Widerristhöhe 34–42 cm

Die Abzeichen auf der leicht geschwungenen Stirn sind symmetrisch

GESCHICHTE DER RASSE Der Ursprung der Rasse ist unbekannt. Der heutige Basset Bleu de Gascogne ist den Wiederherstellungsbemühungen des französischen Züchters Alain Bourbon zu verdanken.

Die tiefe Brust fördert die Ausdauer

Ovale Pfoten mit harten schwarzen Krallen und festen, schwarzen Ballen

Grand Basset Griffon Vendéen

Der attraktive Hund ist größer als die meisten Bassets und besitzt einen starken eigenen Willen. Trotz seines Eigensinns neigt der recht anhängliche Hund nicht zum Beißen. Bei sachkundiger Abrichtung wird er ein guter Kaninchen- und Hasenjäger, der allein oder in der Meute arbeiten kann. Er lässt sich auch in der Stadt halten. Sein dichtes Fell benötigt einige Pflege.

Auf einen Blick

Ursprungsland Frankreich

Entstehungszeit 19. Jahrhundert

Ursprüngliche Verwendung Jagdhund (vor allem Hasenjagd)

Heutige Verwendung Begleit- und Jagdhund

Lebenserwartung 12 Jahre

Synonym Großer Basset Griffon Vendéen

Gewicht 18–20 kg

Widerristhöhe 38–42 cm

WEISS

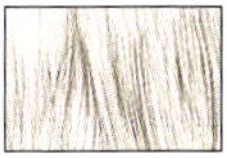
GRAU

DREIFARBBIG

LOH/ WEISS

SCHWARZ/ WEISS

GESCHICHTE DER RASSE Dieser große, kräftige Typ mit den ausgeglichenen Bewegungen ist der Auslesezucht, die der französische Züchter Hubert Dezamy durchführte, zu verdanken.

Der lange, kräftige Hals ist an den Schultern am dicksten

Die geschlossenen Pfoten ermöglichen einen leichten Gang

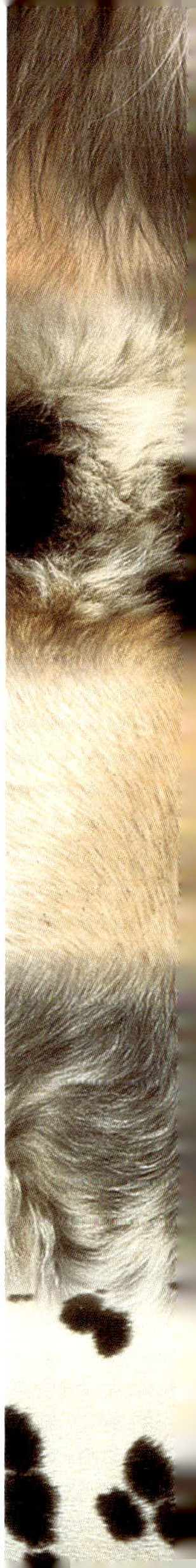

PETIT BASSET GRIFFON VENDÉEN

Der kleine Schlag des Basset Griffon Vendéen hat sich in vielen Ländern die Herzen zahlreicher Züchter und Hundeliebhaber erobert. Dieser aufgeweckte, mutige und lebhafte Hund mit dem Erscheinungsbild eines echten Bassets ist allerdings anfällig für Rückenbeschwerden. Rüden neigen zu heftigen Rangordnungskämpfen, weil sie sich gern vor ihrem Besitzer als Alphahund präsentieren wollen. Die Rasse verträgt ein frisches, kühles Klima besser als ein schwülwarmes.

WEISS

DREIFARBIG

ORANGE/ WEISS

AUF EINEN BLICK

URSPRUNGSLAND Frankreich

ENTSTEHUNGSZEIT 18. Jahrhundert

URSPRÜNGLICHE VERWENDUNG Jagdhund (vor allem Hasenjagd)

HEUTIGE VERWENDUNG Begleit- und Jagdhund

LEBENSERWARTUNG 12 Jahre

SYNONYM Kleiner Basset Griffon Vendéen

GEWICHT 14–18 kg

WIDERRISTHÖHE 34–38 cm

GESCHICHTE DER RASSE Dieser kleine Basset ist ein Abkömmling des Grand Griffon Vendéen. Seine typischen Merkmale und Eigenschaften wurden erst 1947 in Frankreich festgelegt.

Große, dunkle Augen
Die Brust sitzt so tief wie beim Grand Basset
Die kurzen Läufe sind gerade und starkknochig

BASSET FAUVE DE BRETAGNE

Dieser etwas untersetzte Basset mit langem Rumpf trägt weder das glatte Fell des Basset Hound noch das raue Haar des Griffon Vendéen, sondern eher ein sehr hartes, dichtes Fell. Dieser kraftvolle und ungemein ausdauernde Hund bewegt sich problemlos und sicher in schwierigstem Gelände, sei es Dickicht oder dorniges Gestrüpp. Dort spürt und scheucht er das Wild zuverlässig auf. Traditionsgemäß jagt er in einer vierköpfigen Meute, doch heute wird er meist einzeln oder zu zweit eingesetzt. Die Rasse ist ausgesprochen lebhaft, eigensinnig und schwerer zu erziehen als der Griffon Fauve. Dieser Vierbeiner braucht sehr viel Bewegung und protestiert heftig, wenn er eingesperrt wird.

AUF EINEN BLICK

URSPRUNGSLAND Frankreich

ENTSTEHUNGSZEIT 19. Jahrhundert

URSPRÜNGLICHE VERWENDUNG Niederwildjagd

HEUTIGE VERWENDUNG Begleit- und Jagdhund

LEBENSERWARTUNG 12–14 Jahre

SYNONYM Goldbrauner Basset

GEWICHT 16–18 kg

WIDERRISTHÖHE 32–38 cm

REHBRAUN

ROT

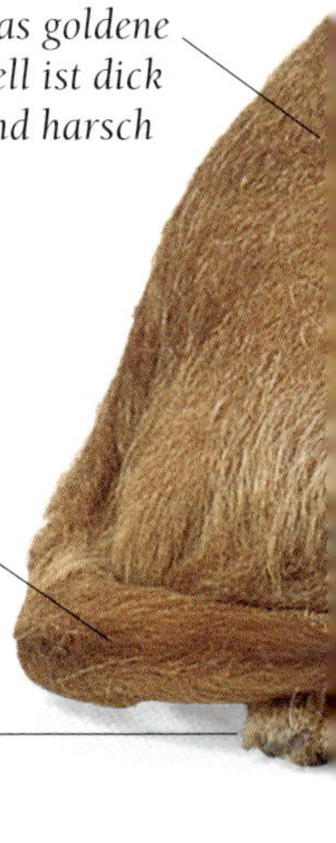

Geschichte der Rasse Diese Rasse entstammt der Kreuzung zwischen dem Griffon Fauve de Bretagne und Niederlaufhunden aus der Vendèe. Außerhalb Frankreichs ist dieser Basset selten zu finden. Nur in Großbritannien hat er die Zuneigung zahlreicher Züchter gewonnen.

ENGLISH FOXHOUND

Voller Spurlaut, feine Nase, robuste Konstitution, Ausdauer und die Verträglichkeit mit Artgenossen sind die Kennzeichen dieser Rasse. Früher unterschieden sich die Fuchshunde in Großbritannien. Die Tiere aus Yorkshire rannten am schnellsten, die aus Staffordshire waren größer, langsamer und besaßen ein tiefere Stimme. Heute gleichen sich die Hunde weitgehend. Als Begleithund wird der sanftmütige, anhängliche English Foxhound selten gehalten. Er eignet sich aber gut dafür und kann dank seiner Aufmerksamkeit auch als Wachhund eingesetzt werden. Ihn zum Gehorsam zu erziehen, ist schwierig. Und man muss stets mit seinem starken Jagdtrieb rechnen.

AUF EINEN BLICK

URSPRUNGSLAND Großbritannien

ENTSTEHUNGSZEIT 15. Jahrhundert

URSPRÜNGLICHE VERWENDUNG Fuchsjagd

HEUTIGE VERWENDUNG Fuchsjagd

LEBENSERWARTUNG 11 Jahre

GEWICHT 25–34 kg

WIDERRISTHÖHE 58–68 cm

Geschichte der Rasse Als im 15. Jahrhundert die Fuchsjagd immer beliebter wurde, wuchs der Bedarf an schnellen Hunden. Daher züchtete man die flinken, schlanken Fuchshunde aus französischen Laufhunden und einheimischen Zuchtstämmen.

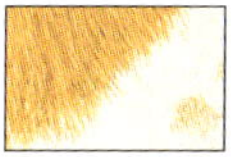

Zweifarbig

Dreifarbig

HARRIER

Dass es schon 1260 im Westen von England eine Harriermeute gab – die Penistone-Meute – ist historisch belegt. Andere Dokumente beweisen, dass der Harrier in Wales ein beliebter Meutehund war. Im 20. Jahrhundert jedoch stand die Rasse in ihrem Ursprungsland kurz vor dem Aussterben. Dank intensiver Auffrischungsbemühungen zeigt der heutige Harrier eine gelungene Mischung aus Foxhound- und Beagle-Eigenschaften. Der Hund verträgt sich mit allen Artgenossen gleichermaßen gut. Als Begleithund ist er bestens geeignet. In Europa und Nordamerika wird man ihn zukünftig sicherlich eher als Familienhund und weniger als Meutehund halten.

Geschichte der Rasse Der Harrier ist vor etwa 800 Jahren im Südwesten von England entstanden. Es handelt sich wahrscheinlich um eine Kreuzung zwischen Bloodhounds und Vorfahren des modernen Beagles. Der Name wird auf das normannisch-französische Wort *hatier* (Jagdhund) oder auf das englische *hare* (Hase) zurückgeführt.

Der ausdrucksvolle Kopf ist weniger breit als der des Beagles

Viele Farben

Glattes, kurzes, anliegendes Fell

Auf einen Blick

Ursprungsland Großbritannien

Entstehungszeit Mittelalter

Ursprüngliche Verwendung Hasenjagd

Heutige Verwendung Hasen- und Fuchsjagd

Lebenserwartung 11–12 Jahre

Gewicht 22–27 kg

Widerristhöhe 46–56 cm

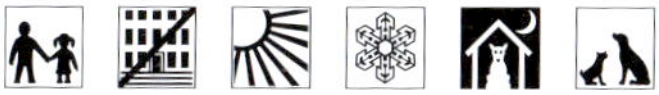

OTTERHOUND

Für verschiedene Wildarten hat man in Großbritannien entsprechende Laufhunde entwickelt – den Foxhound für Füchse, den Harrier für Hasen, den Bloodhound für Wildschweine. Aufgabe des Otterhounds war es, einen Otter selbst in eiskalten Gewässern bis in dessen Bau zu verfolgen. Da Otter heutzutage nicht mehr gejagt werden, hat die Rasse ihre ursprüngliche Funktion verloren. Zu seinem Glück eignet sich der liebenswerte Hund als Hausgenosse, der recht gut mit Kindern und Haustieren auskommt. Wenn er allerdings Wasser sieht oder wittert, wird er stur und will unbedingt das kühle Nass genießen.

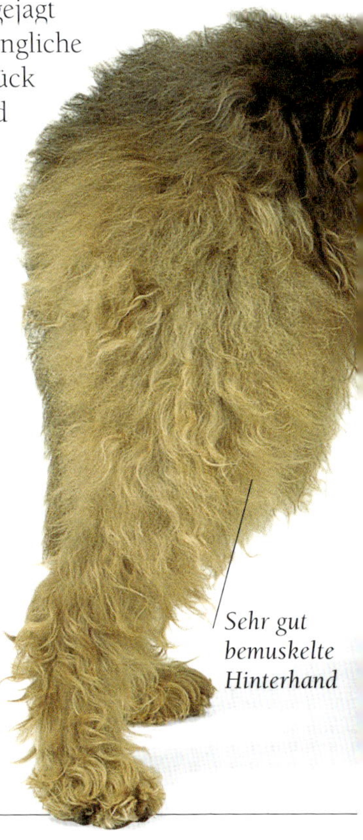

AUF EINEN BLICK

URSPRUNGSLAND Großbritannien

ENTSTEHUNGSZEIT Altertum

URSPRÜNGLICHE VERWENDUNG Otterjagd

HEUTIGE VERWENDUNG Begleithund

LEBENSERWARTUNG 12 Jahre

GEWICHT 30–55 kg

WIDERRISTHÖHE 58–69 cm

VIELE FARBEN

Der lange, kräftige Rücken ist leicht gebogen und mit einem sehr dichten wärmeisolierenden Fell bedeckt

Die Lefzen sind recht schwer

Das Unterhaar ist wollig, das Deckhaar harsch und borstig

Zwischen den Zehen befinden sich Schwimmhäute

GESCHICHTE DER RASSE Möglicherweise stammt der Otterhound vom Bloodhound ab. Er könnte aber auch eine Kreuzung zwischen großen, rauhaarigen Terriern, alten Fuchshundrassen und dem französischen hochläufigen Griffon Nivernais sein.

BEAGLE

Der Beagle ist zwar eigenwillig und macht sich sehr gerne selbstständig, doch sein ausnehmend liebenswertes und weitgehend aggressionsloses Wesen wiegt das alles auf und macht ihn zu einem ausgezeichneten Begleithund. Dazu trägt auch die angenehm klingende Stimme dieser ruhigen, aber durchaus nicht temperamentslosen Rasse bei. In Größe und Aussehen unterscheidet sie sich von Land zu Land mitunter beträchtlich. Aus Züchtersicht ist das ein Problem, das einige Zuchtverbände lösen, indem sie einfach unterschiedliche Schläge anerkennen. In früheren Zeiten transportierten berittene Jäger in England kleine Beagles in den Satteltaschen.

Die Oberlefzen bedecken den Unterkiefer

VIELE FARBEN

AUF EINEN BLICK

URSPRUNGSLAND Großbritannien

ENTSTEHUNGSZEIT 14. Jahrhundert

URSPRÜNGLICHE VERWENDUNG Kaninchen- und Hasenjagd

HEUTIGE VERWENDUNG Begleit- und Jagdhund

LEBENSERWARTUNG 13 Jahre

SYNONYME English Beagle

GEWICHT 8–14 kg

WIDERRISTHÖHE 33–41 cm

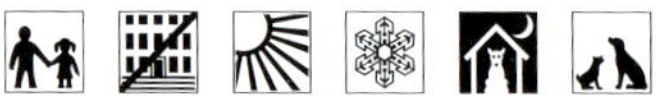

GESCHICHTE DER RASSE Harrier und andere altenglische Laufhunde gelten als Stammväter des Beagles. Kleine Laufhunde, die zu Fuß die Hasenjäger begleitet haben, sind seit dem 14. Jahrhundert dokumentiert.

Die bei der Geburt dunkle Nase wird oft braunrosa
Die langen, feinen Ohren sind anmutig gefaltet

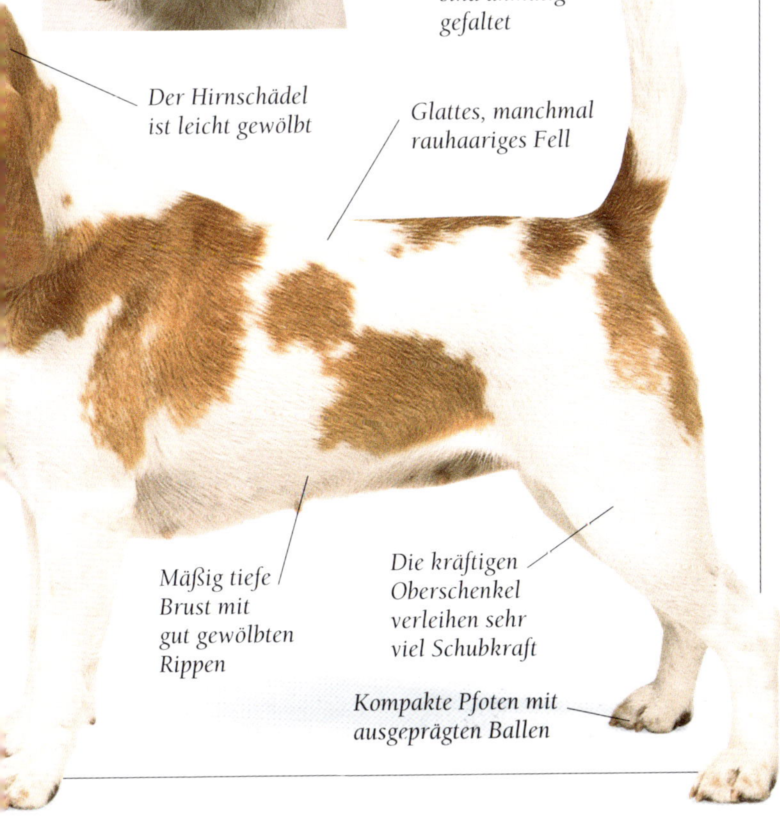
Der Hirnschädel ist leicht gewölbt
Glattes, manchmal rauhaariges Fell
Mäßig tiefe Brust mit gut gewölbten Rippen
Die kräftigen Oberschenkel verleihen sehr viel Schubkraft
Kompakte Pfoten mit ausgeprägten Ballen

AMERICAN FOXHOUND

Der American Foxhound ist größer und leichter gebaut als sein europäisches Gegenstück, obwohl bis weit ins 20. Jahrhundert regelmäßig europäisches Blut eingekreuzt wurde. Der Hund arbeitet lieber alleine als in der Gruppe, in der jeder Artgenosse einen anderen Spurlaut hat und jeder die Führung übernehmen will. Im Norden der USA folgt man europäischen Jagdtraditionen: Man jagt tagsüber und der Fuchs wird getötet. Im Süden lässt man den Fuchs häufig leben und jagt auch nachts.

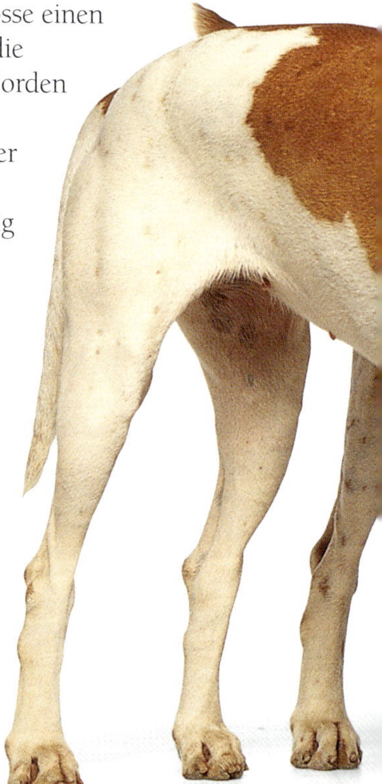

AUF EINEN BLICK

URSPRUNGSLAND USA

ENTSTEHUNGSZEIT 19. Jahrhundert

URSPRÜNGLICHE VERWENDUNG Fuchsjagd

HEUTIGE VERWENDUNG Fuchsjagd, Begleithund

LEBENSERWARTUNG 11–13 Jahre

GEWICHT 30–34 kg

WIDERRISTHÖHE 53–64 cm

ALLE FARBEN

Die Oberlefzen reichen über den Unterkiefer

Der Kopf ist recht lang, der Hirnschädel mäßig gewölbt

GESCHICHTE DER RASSE Die erste English-Foxhound-Meute traf 1650 aus Großbritannien in Amerika ein. Zur Entwicklung der heutigen schlanken, schnellen Rasse trugen irische Laufhunde (Kerry-Beagle, von Einwanderern mitgebracht) und französische Laufhunde bei.

BLACK-AND-TAN COONHOUND

Die amerikanischen Coonhounds zählen zu den extrem spezialisierten Rassen. Mit ihrem hoch entwickelten Instinkt verfolgen sie die Duftspuren von Waschbären und Opossums. Der Hund treibt seine Beute auf einen Baum und verbellt sie so lange, bis der Jäger eintrifft. Der Black-and-Tan-Coonhound ist am weitesten verbreitet. Das selbstbewusste, wachsame, folgsame Tier braucht viel Bewegung, Ohren- und Fellpflege.

Die anmutig herabhängenden Ohren sind ziemlich weit hinten angesetzt

Die langen, kräftigen Läufe ermöglichen dem Hund ausdauerndes Laufen und Schwimmen

AUF EINEN BLICK

URSPRUNGSLAND USA

ENTSTEHUNGSZEIT 18. Jahrhundert

URSPRÜNGLICHE VERWENDUNG Waschbärjagd

HEUTIGE VERWENDUNG Waschbärjagd

LEBENSERWARTUNG 11–12 Jahre

SYNONYM Schwarz-Loh-Waschbärhund

GEWICHT 23–34 kg

WIDERRISTHÖHE 58–69 cm

Geschichte der Rasse Zu den Stammvätern gehören: Bloodhound, Kerry-Beagle (alte irische Rasse) und Fuchshunde, vor allem der Virginia Foxhound des 18. Jahrhunderts. Die Rasse könnte auch mit dem Talbot des 12. Jahrhunderts (»weißer Bloodhound«) verwandt sein.

Plott Hound

Dieser wohl widerstandsfähigste Coonhound wird seit fast 250 Jahren von der Familie Plott in den USA gezüchtet. Der große, gesellige Hund wird für die Jagd auf Bären und Waschbären in den Appalachen und anderen Bergregionen im Osten der USA verwendet. Im Gegensatz zu dem sonoren Bellen der anderen Coonhounds gibt »der Plott« eigenartige hohe, scharfe Laute von sich. Der gut bemuskelte, eher schmalgliedrige Hund besitzt so viel Ausdauer, dass er fast rund um die Uhr arbeiten kann. Da er sehr schnell große Futterportionen verschlingt, ist er anfällig für die lebensbedrohende Magendrehung. Die Rasse wird nur selten einzeln als Haushund gehalten.

Wenn der Hund aufmerksam ist, richtet er die Rute auf

Die kraftvolle Muskulatur der Schenkel sorgt für ausdauernde Energie

Auf einen Blick

Ursprungsland USA

Entstehungszeit 18. Jahrhundert

Ursprüngliche Verwendung Bären- und Waschbärjagd

Heutige Verwendung Jagdhund, Begleithund (selten)

Lebenserwartung 12–13 Jahre

Gewicht 20–25 kg

Widerristhöhe 51–61 cm

Geschichte der Rasse Der Plott Hound ist der einzige amerikanische Laufhund, der keine britischen Vorfahren hat. Er ist der Abkömmling deutscher Laufhunde, die von der Familie Plott Mitte des 18. Jahrhunderts nach South Carolina mitgebracht wurden.

Blau

Schwarz-gestromt

HAMILTON-STÖVARE

Dieser attraktive Hund ist außerhalb von Skandinavien nahezu unbekannt. Eine Ausnahme macht Großbritannien, wo er als Ausstellungs- und Gebrauchshund beliebt ist. Er jagt gern alleine, spürt zuverlässig das Wild auf, verfolgt es und scheucht es aus der Deckung. Findet er ein waidwundes Tier, gibt er nach Laufhundart Laut. Mit seinem dichten Fell, das im Winter dicker wird, fühlt sich dieser Hund bei seiner Arbeit in den verschneiten skandinavischen Wäldern sehr wohl.

Der kräftige lange Hals verschmilzt mit den Schultern

AUF EINEN BLICK

URSPRUNGSLAND Schweden

ENTSTEHUNGSZEIT 19. Jahrhundert

URSPRÜNGLICHE VERWENDUNG Spürhund

HEUTIGE VERWENDUNG Begleit- und Jagdhund

LEBENSERWARTUNG 12–13 Jahre

GEWICHT 23–27 kg

WIDERRISTHÖHE 51–61 cm

Geschichte der Rasse Adolf Patrick Hamilton, Gründer des schwedischen Zuchtverbandes, hat diese Rasse geschaffen. Es handelt sich dabei um eine Kreuzung zwischen deutschen Bracken, English Foxhounds und schwedischen Laufhunden. Ausgestellt wurde diese Rasse erstmals im Jahre 1886.

Die braunen Augen blicken souverän und gelassen

Das dichte Deckhaar ist sehr kräftig, die Unterwolle kurz, dick und weich

Die Rute verjüngt sich zur Spitze hin

Segugio Italiano

Körper und Kopf des Segugio verraten die Ursprünge dieser außergewöhnlich attraktiven Rasse: Sie besitzt die langen Läufe eines Windhundes und das Gesicht eines Laufhundes. Im Zeitalter der italienischen Renaissance schätzte man den Hund wegen seiner Schönheit als Begleiter. Heute ist er in ganz Italien als Jagdhund sehr begehrt. Sobald der Hund mit seinem hoch entwickelten Witterungsvermögen eine Wildfährte aufgenommen hat, verfolgt er sie so hartnäckig wie ein Bloodhound. Im Gegensatz zum Bloodhound überwältigt und tötet der Segugio gern seine Beute. Außerhalb Italiens wird die Rasse als Gebrauchs- und Begleithund zunehmend beliebter.

Auf einen Blick

Ursprungsland Italien

Entstehungszeit Altertum

Ursprüngliche Verwendung Jagdhund

Heutige Verwendung Begleit- und Jagdhund

Lebenserwartung 12–13 Jahre

Synonyme Italienischer Laufhund, Segusier

Gewicht 18–28 kg

Widerristhöhe 52–58 cm

Geschichte der Rasse

Kunstwerke aus der Zeit der Pharaonen belegen, dass sich die Laufhunde, die im alten Ägypten existierten, und der heutige Segugio sehr ähnlich sehen. Die Einkreuzung von Mastiffblut verschaffte dieser Rasse mehr Fülle.

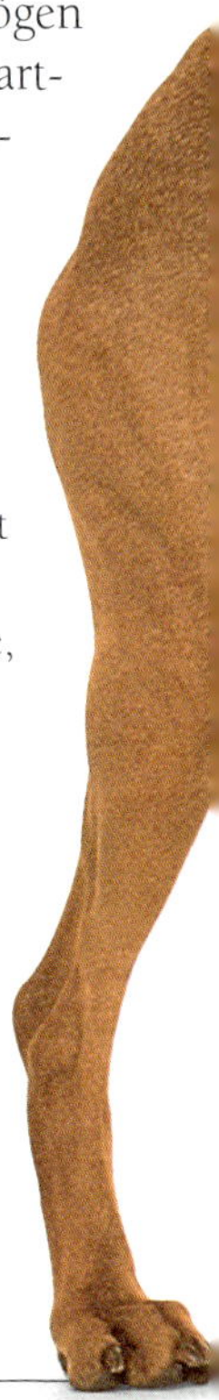

REHBRAUN

SCHWARZ/LOH

BAYERISCHER GEBIRGSSCHWEISSHUND

Dieser ausdauernde Schweißhund wird in der Regel nur von Jägern und Förstern in Deutschland, Tschechien und der Slowakischen Republik gehalten. Er arbeitet eng, aber selbstständig mit seinem Herrn zusammen. Häufig wird er eingesetzt, um den Schweiß (Blutspuren) waidwunder Tiere aufzuspüren, wenn weniger spursichere Hunde ihn verloren haben. In Mitteleuropa dürfen die Jäger angeschossenes Wild nicht einfach liegen und verenden lassen.

Breite, kräftige Pfoten mit dicken Ballen und harten Krallen fördern die Beweglichkeit

REHBRAUN

ROT

ROT-GESTROMT

SCHWARZ-GESTROMT

Geschichte der Rasse Aus dem Hannoverschen Schweißhund und kurzläufigen Bracken ging diese stämmige, wendige Rasse hervor, die ein ausgezeichnetes Witterungsvermögen besitzt. Man benötigte so eine Rasse, um angeschossenes Wild in den Bergen aufzuspüren.

Auf einen Blick

Ursprungsland Deutschland

Entstehungszeit 19. Jahrhundert

Ursprüngliche Verwendung Spürhund

Heutige Verwendung Jagd- und Begleithund

Lebenserwartung 12 Jahre

Synonym Bayerische Gebirgsbracke

Gewicht 25–35 kg

Widerristhöhe 45–50 cm

Rhodesian Ridgeback

Der Standard für diesen großen, kraftvollen Hund wurde 1922 auf einem Züchtertreffen in Rhodesien (heute Simbabwe) festgelegt. Man kombinierte dabei die besten Eigenschaften von fünf bestehenden Typen. Die Rasse kam mit südafrikanischen Großwildjägern ins »Löwenland« – das damalige Rhodesien. Dort wurde er als echter Laufhund zum Aufspüren und Verbellen von Großwild eingesetzt. Trotz des Beinamens »Löwenhund« und vieler Legenden nahmen Ridgebacks niemals an einer Löwenjagd teil. Die treue, anhängliche Rasse wird heute selten als Gebrauchshund, sondern meist als Schutz- und Begleithund gehalten.

Auf einen Blick

Ursprungsland Südafrika

Entstehungszeit 19. Jahrhundert

Ursprüngliche Verwendung Jagdhund

Heutige Verwendung Schutz- und Begleithund

Lebenserwartung 12 Jahre

Synonym Afrikanischer Löwenhund

Gewicht 30–39 kg

Widerristhöhe 61–69 cm

Geschichte der Rasse Es gibt Belege, dass die Hottentotten in Südafrika Ridgebacks (Gratrücken) als Jagd- und Begleithunde verwendet haben. Europäische Siedler kreuzten im 19. Jahrhundert ihre holländischen und deutschen Laufhunde und Doggen mit den einheimischen Ridgebacks und daraus entstand die heutige Rasse.

Spitzartige Hunde

Keine Gruppe von Hunden besaß einst in dem Verhältnis Mensch-Hund mehr Einfluss als die spitzartigen Rassen. Sie entwickelten sich in den arktischen Gebieten der Welt, in den heutigen skandinavischen Ländern, in Russland, Alaska und Kanada. Viele Volksstämme an den arktischen Küsten, in der Tundra oder auf den arktischen Inseln hatten ohne die Hilfe dieser vielseitigen Hunde nicht überleben können.

Spitze

Ungewisse Ursprünge

Die Herkunft des spitzartigen Hundes ist unsicher. Ausgrabungen brachten keine Beweise für Übergangsstadien zwischen dem Nordwolf und den muskulösen spitzartigen Rassen mit dickem Fell, kleinen, kurzen Ohren und Ringelschwanz. Skelettreste sprechen eher dafür, dass Pariahunde nordwärts wanderten und sich mit den größeren robusteren Wölfen der Arktis paarten. Absichtlich, aber auch unabsichtlich wurde 5000 Jahre lang Wolfsblut eingekreuzt und so entstanden die wolfsähnlichen spitzartigen Rassen von heute

Hundewanderungen

Vor tausenden von Jahren breiteten sich Abkömmlinge jener Hunde, die sich in der Arktis mit Wölfen gepaart hatten, südwärts in die gemäßigten Gebiete Nordamerikas, Europas und Asiens. In Nordamerika siedelte sich der Alaskan Malamute nördlich des Polarkreises an, während in Europa spitzartige Hunde südwärts wanderten. Funde 2000 Jahre alter Knochen zeigen, dass solche Rassen bereits seit Jahrtausenden in Europa heimisch sind. Man kann sie wohl als die Stammform der heutigen deutschen Spitze, des holländischen Keeshonds und des belgischen Schipperke sowie des Zwergspitzes betrachten. Andere spitzartige Hunde wanderten von Nordostasien nach China und Korea und entwickelten sich u. a. zum Chow-Chow. Nach Japan eingeführte Hunde wurden die Ahnen von Rassen wie dem Akita und dem Shiba Inu.

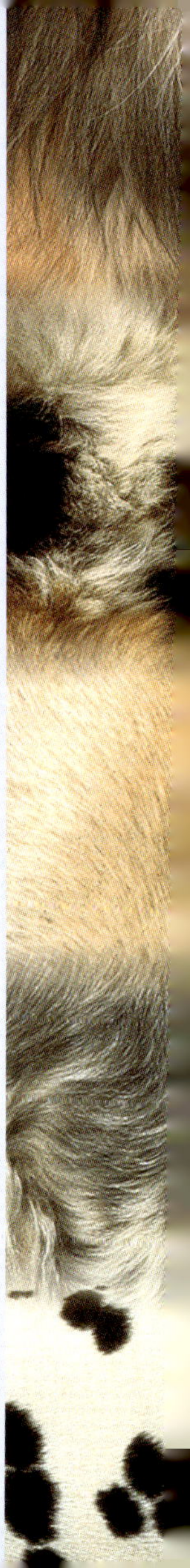

Wertvolle Arbeiter

Die lebhaften spitzartigen Hunde züchtete man ursprünglich als Jagd-, Hüte- und Schlittenhunde. Robuste Rassen wurden »Großwildjäger«. In Skandinavien und Japan setzte man kleinere Hunde zur Jagd auf kleine Säugetiere und Vögel ein (und zum Schlittenziehen). Der Lundehund und der Finnenspitz stammen von ihnen ab. Schlittenhunde sind Eskimohund, Alaskan Malamute, Samojede und Siberian Husky. Andere Rassen verwendete man in Nordeuropa und Asien als Hütehunde. Manche der Rassen mit Hütehundblut kamen als Arbeitshunde auf Bauernhöfen zum Einsatz. In jüngster Zeit züchtet man kleine Hunde wie den Japanischen Spitz als Begleithunde.

Alaskan Malamute

Körpermerkmale

Der Körperbau der Spitzartigen ist dem rauen nordischen Klima angepasst: dichte, isolierende, wasserabweisende Unterwolle, kleine Ohren zur Verringerung des Wärmeverlusts und der Erfrierungsgefahr, dickes Fell zwischen den Zehen als Schutz gegen messerscharfe Eisplatten. Diese Hunde sind von wilder Schönheit – ähnlich dem Nordwolf. Ihre natürlichen Farben und ihre keilförmige Schnauze haben eine urtümliche Anziehungskraft. Viele dieser Rassen brauchen eine sorgfältige Erziehung.

Chow-Chow

ALASKAN MALAMUTE

Trotz des wolfsähnlichen Aussehens ist der Alaskan Malamute ein liebenswerter, anhänglicher Hund. Seine zärtliche Zuneigung zeigt er jedoch nur wenig. Es ist aber nicht unter seiner Würde mit Menschen oder Hunden, die er gut kennt, zu spielen. Dieser kräftige Hund mit der tiefen Brust hat außergewöhnliche Ausdauer. Jack London rühmt zwar in seinen Romanen die große Kraft der Huskys, meint aber wohl den Malamute. Dieser ist in Kanada und den USA als Familienhund sehr beliebt. Die Rasse braucht sehr viel Bewegung und zeigt ihr Können in Schlittenhunderennen.

GESCHICHTE DER RASSE Die nach dem Stamm der Mahlemut Inuit von der Westküste Alaskas benannte Rasse wurde lange vor Ankunft der Europäer als Schlittenhund gebraucht.

AUF EINEN BLICK

URSPRUNGSLAND USA

ENTSTEHUNGSZEIT Altertum

URSPRÜNGLICHE VERWENDUNG Schlitten- und Jagdhund

HEUTIGE VERWENDUNG Begleit- und Schlittenhund, Schlittenrennen

LEBENSERWARTUNG 12 Jahre

GEWICHT 39–56 kg

WIDERRISTHÖHE 58–71 cm

Die kräftig bemuskelten, schwerknochigen Läufe sind zum Ziehen schwerer Lasten geeignet

Hündinnen sind deutlich kleiner als Rüden

Die mandelförmigen Augen blicken freundlich
Die kleinen, behaarten Ohren geben kaum Wärme ab
Dichtes Fell macht anfällig für Hitzschlag

ESKIMOHUND

Dieser Hund ist ein Ausbund an Energie – beim Fressen, Arbeiten, Trainieren und Streiten. Er strebt nach Unabhängigkeit und braucht eine konsequente Erziehung, um Respekt vor seinem menschlichen Rudelführer zu lernen. Eskimohunde haben einen starken Rudeltrieb, fechten gern Rangordnungskämpfe aus und verschlingen alles Fressbare. Auch andere Tiere sind willkommenes Futter. Der Hund kann sich an das Leben mit Menschen anpassen und zeigt »Hundeliebe«, am besten geeignet ist er als Gebrauchshund.

Die dunklen Augen haben einen offenen Ausdruck

Der Kopf ist gut geformt und sieht wolfsähnlich aus

AUF EINEN BLICK

URSPRUNGSLAND Kanada

ENTSTEHUNGSZEIT Altertum

URSPRÜNGLICHE VERWENDUNG Tragtier, Schlittenhund, Schlittenrennen

HEUTIGE VERWENDUNG Schlittenhund, Schlittenrennen

LEBENSERWARTUNG 12–13 Jahre

SYNONYME American Husky, Esquimaux

GEWICHT 27–48 kg

WIDERRISTHÖHE 51–69 cm

GESCHICHTE DER RASSE Über Jahrtausende war dieser Hund das einzige Transportmittel für die Eskimos, die an der Hudson Bay, im heutigen Nordwest-Kanada, lebten. Die Rasse ist unnahbar und urtümlich geblieben.

VIELE FARBEN

Das dichte Fell schützt vor Temperaturen weit unter dem Gefrierpunkt

Die Rute ist eingerollt

SIBERIAN HUSKY

Kleiner und leichter als die meisten Schlittenhunde ist der Siberian Husky ein beweglicher, athletischer und unermüdlicher Arbeiter. Wie andere nördliche Spitzarten bellt er nur selten, schließt sich aber gern dem Gemeinschaftsheulen an – wie die Wölfe. Der Siberian Husky ist in Kanada und den USA sehr beliebt. Sein Fell kommt in vielen Farben vor, und, wie nur wenige Hunderassen, kann er blaue, braune, haselnussfarbene oder verschiedenfarbige Augen haben. Er ist würdevoll, sanft und ein angenehmer Begleiter.

Die Rute ist buschig und braucht während des Fellwechsels viel Pflege

Kompakte, dicht behaarte Pfoten mit polsterartigen Ballen

Ist der Hund aufmerksam, stehen die dreieckigen Ohren parallel

VIELE FARBEN

Ungewöhnliche Fellmuster sind rassetypisch

Muskulöse, gerade Läufe mit kräftigen Knochen

GESCHICHTE DER RASSE Die Eskimos verwendeten Siberian Huskys als Zugtiere. Die Rasse wurde im 19. Jahrhundert von Pelzhändlern entdeckt und kam 1909 nach Amerika.

AUF EINEN BLICK

URSPRUNGSLAND Sibirien

ENTSTEHUNGSZEIT Altertum

URSPRÜNGLICHE VERWENDUNG Schlittenhund

HEUTIGE VERWENDUNG Begleithund, Schlittenrennen

LEBENSERWARTUNG 11–13 Jahre

SYNONYM Arctic Husky

GEWICHT 16–27 kg

WIDERRISTHÖHE 51–60 cm

SAMOJEDE

Der heutige schneeweiße Hund hat viele Charakterzüge aus seiner Zeit als Jagdhund und Hüter von Rentierherden behalten. Der Samojede ist äußerst gutmütig und freundlich. Er liebt die Gesellschaft des Menschen, versteht sich gut mit Kindern und ist nicht aggressiv, obwohl er sich als Wachhund eignet. Wie die meisten Spitzarten hält er gar nicht viel vom »Hören aufs Wort«, daher ist ein Gehorsamkeitstraining ratsam. Seine Besitzer müssen sich auch darauf einstellen, regelmäßig viel Zeit für die Pflege seines langen, üppigen Fells zu opfern.

GESCHICHTE DER RASSE Der robuste und anpassungsfähige Samojede begleitete jahrhundertelang den gleichnamigen Nomadenstamm durch das nördliche Asien. Im Westen wurde die Rasse erst 1889 eingeführt. Sein Fell wurde von den Züchtern perfektioniert.

AUF EINEN BLICK

URSPRUNGSLAND Russland

ENTSTEHUNGSZEIT Altertum/1600?

URSPRÜNGLICHE VERWENDUNG Hütehund für Rentiere

HEUTIGE VERWENDUNG Begleithund

LEBENSERWARTUNG 12 Jahre

SYNONYM Samojedskaja

GEWICHT 23–30 kg

WIDERRISTHÖHE 46–56 cm

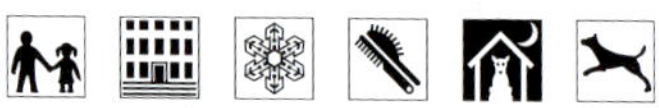

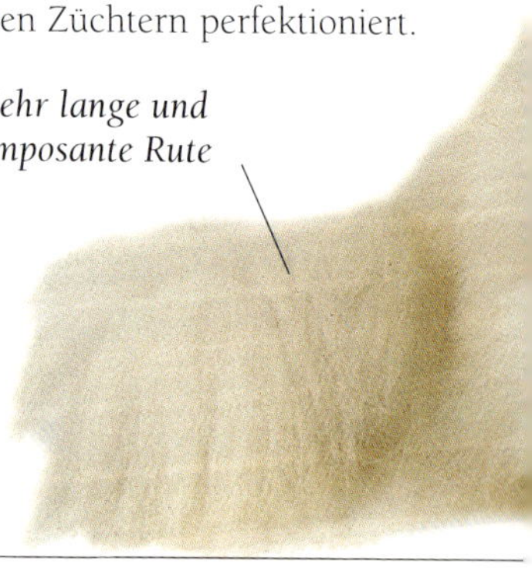

Sehr lange und imposante Rute

Die kleinen Ohren stehen weit auseinander
Tiefliegende dunkle Augen bilden einen Kontrast zum weißen Fell
Eine Krause aus langen, rauen Haaren wächst durch die dichte Unterwolle
Große, recht flache Pfoten

JAPANISCHER SPITZ

Dieser wuschelige kleine Hund ist ein gutes Beispiel für Verkleinerungszucht. Er ähnelt dem Samojeden stark, ist aber bis zu fünfmal kleiner und in gewisser Weise viel zäher. In Japan war die lebhafte, mutige Rasse in den 1950ern beliebt. Dort wird er seltener, während er in Europa und Nordamerika als Wachhund populärer wird. Er kann ein ausgesprochener Kläffer sein, doch Auswahlzucht hat diese Eigenschaft abgeschwächt.

AUF EINEN BLICK

URSPRUNGSLAND Japan

ENTSTEHUNGSZEIT 20. Jahrhundert

URSPRÜNGLICHE VERWENDUNG Begleithund

HEUTIGE VERWENDUNG Begleithund, Schutzhund

LEBENSERWARTUNG 12 Jahre

GEWICHT 5–6 kg

WIDERRISTHÖHE 30–36 cm

GESCHICHTE DER RASSE Der Japanische Spitz scheint eine kleinere Version des Samojeden zu sein. Die nomadischen Samojeden, ein Volksstamm, brachten diese Rasse in die Mongolei, von wo aus sie leicht nach Japan gekommen sein kann.

Akita Inu

Alle japanischen Rassen werden nach ihrer Größe eingeteilt – groß (*akita*), mittelgroß (*shika*) und klein (*shiba*). Während es viele mittelgroße Rassen gibt, findet man nur eine große Rasse, den Akita. Der Hund ist schon sehr beeindruckend. Während die meisten Vertreter der Rasse ein ausgeglichenes Temperament aufweisen, sind einige Tiere schwer zu führen. Von Natur aus zeigt sich die Rasse zurückhaltend und sogar abweisend, das erschwert die Gehorsamserziehung. Besonders Rüden lassen sich gern und häufiger als andere Rassen in Hundekämpfe verwickeln. Gut erzogene Tiere sind ausgezeichnete Begleit- und tüchtige Wachhunde. Wer den selbstsicheren und hoheitsvollen Akita halten will, sollte unbedingt viel Erfahrung mit Hunden besitzen.

Auf einen Blick

Ursprungsland Japan

Entstehungszeit 17. Jahrhundert

Ursprüngliche Verwendung Hochwildjagd, Hundekämpfe

Heutige Verwendung Begleit- und Schutzhund

Lebenserwartung 10–12 Jahre

Gewicht 34–50 kg

Widerristhöhe 60–71 cm

Viele Farben

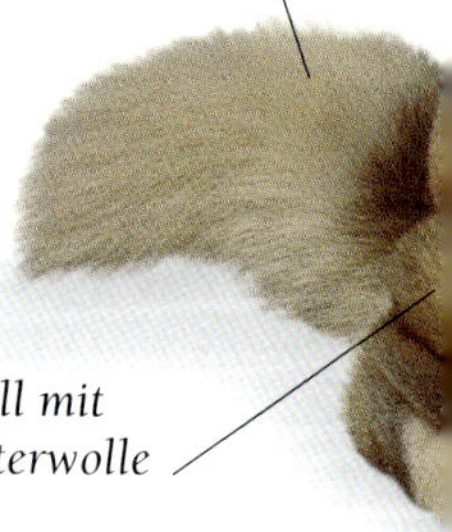

Die kräftige Rute wird auf dem Rücken getragen

Hartes Fell mit feiner Unterwolle

Geschichte der Rasse

Der Akita, die größte japanische Rasse, wurde ursprünglich für Hundekämpfe gezüchtet. Nach dem Abklingen dieser Mode setzte man ihn für die Jagd ein. Obwohl die Rasse in den 1930er Jahren auszusterben drohte, wurde ihr Bestand durch die Gründung der »Gesellschaft zur Erhaltung japanischer Rassen« gesichert.

SHIBA INU

Die beliebteste original japanische Rasse, den Shiba Inu, findet man auch in Australien, Europa und Nordamerika immer häufiger. Schwierigkeiten mit dem Gebiss, die früher bei den erwachsenen Tieren auftraten, wurden durch sorgfältige Auswahlzucht beseitigt. Der Shiba Inu bellt nur selten, stößt aber häufiger einen außergewöhnlichen hohen Schrei aus. Diese robuste und unabhängige Rasse eignet sich für sehr erfahrene und geduldige Hundeliebhaber.

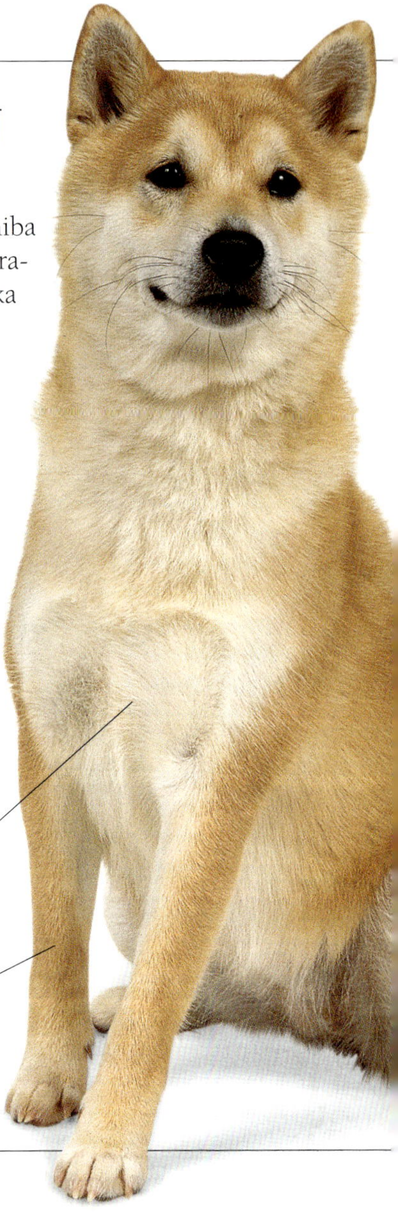

Tiefe Brust mit gut gewölbten Rippen

Gerade Vorderläufe mit eng anliegenden Ellbogen

GESCHICHTE DER RASSE Den Shiba Inu, die kleinste aller japanischen Rassen, gibt es seit Jahrhunderten in der japanischen Region Sanin. An Ausgrabungsstätten hat man Knochen gefunden, die älter als 2500 Jahre waren.

VIELE FARBEN

Spitzer Fang mit dunklem Nasenspiegel

Kleine dreieckige Augen

Gut entwickelte Läufe mit kräftigen, aber zierlichen Keulen

Die dicke kräftige Rute wird über dem Rücken getragen

AUF EINEN BLICK

URSPRUNGSLAND Japan

ENTSTEHUNGSZEIT Altertum

URSPRÜNGLICHE VERWENDUNG Niederwildjagd

HEUTIGE VERWENDUNG Begleithund

LEBENSERWARTUNG 12–13 Jahre

GEWICHT 8–10 kg

WIDERRISTHÖHE 35–41 cm

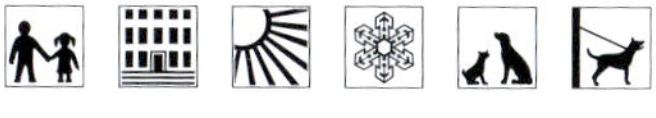

Chow-Chow

Der Chow-Chow ist von Natur aus distanziert und eigenwillig. In der Mongolei und der Mandschurei galt sein Fleisch einst als Delikatesse und aus seinem Fell stellte man Pelzbekleidung her. Sein Name soll auf englische Seeleute des 19. Jahrhunderts zurückgehen, die gemischte Schiffsfrachten so bezeichneten. Obwohl der Chow-Chow wie ein knuddeliger Teddybär aussieht, ist er ganz und gar kein Schmusetier. Er neigt zum Schnappen oder Beißen. Am besten wird er von Alleinstehenden gehalten. Sein üppiges Fell – mit Unterwolle und Deckhaar – braucht regelmäßig sehr intensive Pflege.

Auf einen Blick

Ursprungsland China

Entstehungszeit Altertum

Ursprüngliche Verwendung
Wach- und Ziehhund, Fleischlieferant

Heutige Verwendung
Begleithund

Lebenserwartung 11–12 Jahre

Gewicht 20–32 kg

Widerristhöhe 46–56 cm

Geschichte der Rasse Der Chow-Chow stammt zweifellos vom Spitz ab, obwohl seine Herkunft ungewiss ist. Historiker des frühen 18. Jh. beschrieben einen Hund mit schwarzer Zunge, der im Orient verspeist wurde. Der Chow-Chow kam 1780 nach Großbritannien.

FINNENSPITZ

Der selbstständige, fast katzenartige Hund, in Finnland als Jagdhund beliebt, hat eine gewaltige Stimme und ist ein großartiger Wachhund. Im Wald hört er jeden Flügelschlag und läuft zu dem Baum, auf dem der Vogel landet, und bellt, bis der Jäger eintrifft. So jagt er auch Eichhörnchen und Marder. Der willensstarke Hund braucht viel Bewegung und scheut Kälte nicht. Diese zurückhaltende, aber lebhafte Rasse ist in England und Nordamerika verhältnismäßig weit verbreitet.

AUF EINEN BLICK

URSPRUNGSLAND Finnland

ENTSTEHUNGSZEIT Altertum

URSPRÜNGLICHE VERWENDUNG Niederwildjagd

HEUTIGE VERWENDUNG Jagd- und Begleithund

LEBENSERWARTUNG 12–14 Jahre

SYNONYME Finsk Spets, Suomenpystykorva

GEWICHT 14–16 kg

WIDERRISTHÖHE 38–51 cm

Starke Vorderläufe gehen aus relativ geraden Schultern hervor

Geschichte der Rasse

Vorläufer des Finnenspitzes begleiteten vermutlich die Ahnen der Finnen, als sie ins Land kamen. Jahrhundertelang lebte diese Rasse in Ostfinnland und im russischen Karelien. Nach der Russischen Revolution wurden die in Karelien heimischen Tiere als Karelo-Finnische Laikas bekannt.

FINNISCHER LAPPHUND

In Nordskandinavien und Karelien setzten die Samen Hunde zum Hüten ihrer Rentiere ein. Mit wachsendem Interesse an einheimischen Hunderassen beanspruchten Schweden und Finnen den Hütehund der Samen für sich. Man erkannte international zwei Rassen an – den Schwedischen Lapphund oder Lappenspitz und den Finnischen Lapphund oder Lapinkoira. In Finnland sichert Auswahlzucht die Hütehundeigenschaften. Anderswo wird er oft als Begleithund gehalten. Das kräftig gebaute Tier hat ein dichtes, isolierendes, doppellagiges Fell. Da der Zuchtschwerpunkt auf Felldichte und -farbe liegt, ist sein Hütetrieb nur noch schwach erhalten.

GESCHICHTE DER RASSE Dieser historische Hütehund der Samen ist kleiner als sein Nachkomme, der Lapinporokoira. Der Finnische Lapphund ist ein Beispiel für die Kreuzung von nördlichen Spitzarten und Hütehunden aus dem südlicheren Europa. Heute hütet er keine Rentiere mehr, sondern Schafe und anderes Vieh.

VIELE FARBEN

AUF EINEN BLICK

URSPRUNGSLAND Finnland

ENTSTEHUNGSZEIT 17. Jahrhundert

URSPRÜNGLICHE VERWENDUNG Hütehund für Rentiere

HEUTIGE VERWENDUNG Begleit- und Hütehund

LEBENSERWARTUNG 11–12 Jahre

SYNONYME Lapinkoira

GEWICHT 20–21 kg

WIDERRISTHÖHE 46–52 cm

SCHWEDISCHER LAPPHUND

Dies ist eine sehr alte Rasse, wohl eine der ältesten überhaupt. Früher war es die Aufgabe des Schwedischen Lapphundes die Rentierherden der Samen zu hüten. In den 1960er Jahren rief der Schwedische Zuchtverband ein Zuchtprogramm ins Leben, um die Hütehundeigenschaften der Rasse zu nützen und zu verbessern. Es gibt den Hund fast nur in Schweden, manchmal auch in Finnland und Russland.

Die Rückseite der Vorderläufe trägt ungewöhnlich langes Haar

Der Bauch ist nur leicht aufgezogen

Geschichte der Rasse Die 7000 Jahre alten Skelettreste, die in Norwegen gefunden wurden, ähneln dem Lapphund. Er ist eng verwandt mit den Finnischen und Russischen Laiki.

Leber

Schwarz

Leber/Weiss

Schwarz/Weiss

Spitze Stehohren

Der kurze kegelförmige Fang verjüngt sich zur Nase hin

Das Deckhaar ist dick und drahtig, die Unterwolle wasserdicht

Die Hinterläufe sind sehr gerade

Dichtes Fell wächst zwischen den gut gewölbten Zehen

Auf einen Blick

Ursprungsland Schweden

Entstehungszeit Altertum/19. Jahrhundert

Ursprüngliche Verwendung Hütehund für Rentiere

Heutige Verwendung Begleithund, Hütehund für Schafe und anderes Vieh

Lebenserwartung 12–13 Jahre

Synonyme Lapphund, Lappenspitz, Lapplandska Spets

Gewicht 19,5–20,5 kg

Widerristhöhe 44–49 cm

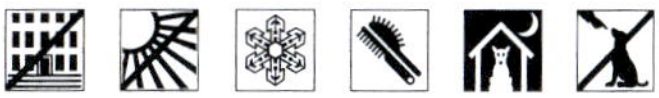

NORWEGISCHER BUHUND

Das norwegische Wort *bu* bedeutet Stall und zeigt die ursprüngliche Funktion der Rasse. Der Buhund hat einen starken Hütetrieb und braucht viel Bewegung. Manchmal treten Augen- oder Hüftprobleme auf. Er eignet sich als Begleithund und versteht sich mit Kindern. Er ist ein guter Wachhund und lernt leicht Gehorsam.

AUF EINEN BLICK

URSPRUNGSLAND Norwegen

ENTSTEHUNGSZEIT Altertum

URSPRÜNGLICHE VERWENDUNG Hütehund, Wachhund

HEUTIGE VERWENDUNG Begleit-, Hüte- und Wachhund

LEBENSERWARTUNG 12–15 Jahre

SYNONYM Norsk Buhund

GEWICHT 24–26 kg

WIDERRISTHÖHE 41–46 cm

Hoch angesetzte Ringelrute

GESCHICHTE DER RASSE Der Buhund wurde ursprünglich als Schlitten- und Jagdhund eingesetzt. Heute verwendet man ihn in erster Linie als Wach- und Begleithund.

Norwegischer Elchhund

Dieser robuste, lebhafte, athletische Hund, der seine kräftige Stimme gern einsetzt, wenn er Beute sieht, ist der beliebteste der drei skandinavischen Elchhunde. Er ist der klassische Spitzhund und steinzeitliche Funde aus Norwegen bezeugen sein Alter.

Bei seiner Arbeit als Jagdhund hetzt er die Beute nicht, sondern folgt ihr wie ein Laufhund. Die vielseitige Rasse wurde zur Luchs-, Wolfs- und Elchjagd verwendet, kleineres Wild wie Kaninchen oder Füchse apportiert er mit großem Erfolg. Norwegische Bauern setzen ihn auch auf ihren Höfen zum Hüten von Hühnern oder Enten ein.

Die Unterseite der hoch angesetzten Ringelrute ist am stärksten behaart

Das Deckhaar ist dick, üppig und rau

Geschichte der Rasse Diese Rasse – der Nationalhund Norwegens – gibt es in Skandinavien seit wenigstens 5000 Jahren. Heutige Standards entstanden im späten 19. Jahhundert.

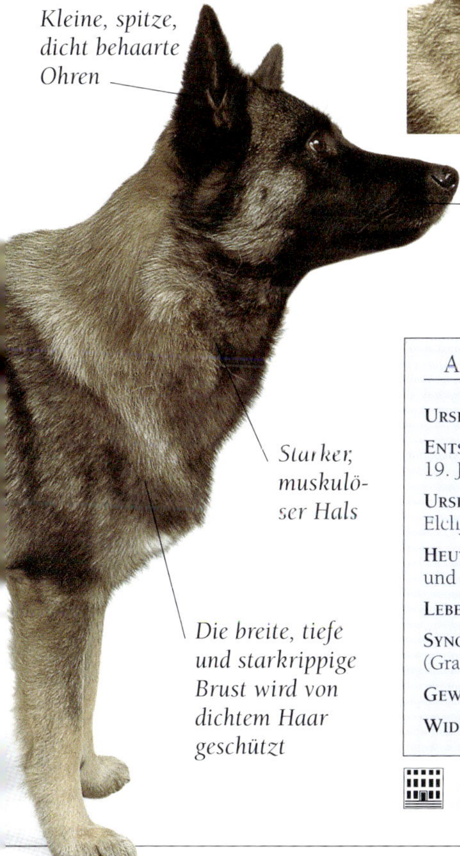

Kleine, spitze, dicht behaarte Ohren

Fang verjüngt sich, ist aber nicht spitz

Starker, muskulöser Hals

Die breite, tiefe und starkrippige Brust wird von dichtem Haar geschützt

Auf einen Blick

Ursprungsland Norwegen

Entstehungszeit Altertum/ 19. Jahrhundert

Ursprüngliche Verwendung Elchjagd

Heutige Verwendung Begleit- und Jagdhund

Lebenserwartung 12–13 Jahre

Synonyme Norsk Elghund (Gra), Grahund

Gewicht 20–23 kg

Widerristhöhe 49–52 cm

LUNDEHUND

Der kleine, bewegliche Lundehund besitzt eine Besonderheit: Er hat fünf statt der üblichen vier Zehen an den Vorderpfoten. Die Füße tragen ungewöhnlich große Ballen und doppelte Afterkrallen. Diese Kombination ermöglichte dem Hund festen Halt, wenn er über das Geröll der Klippen kletterte, bis er das Nest eines Papageientauchers erreichte und einen Vogel fing. Ungewöhnlich ist die weiche Querfalte im Ohrenknorpel. Diese erlaubte es dem Hund, seine Ohren nach unten zu falten, um sie zu schützen, wahrscheinlich vor dem tropfenden Wasser, wenn er die Klippen nach Beute durchstöberte. Der Lundehund, eine lebhafte, anhängliche Rasse, wird heute vor allem als Begleithund gehalten.

AUF EINEN BLICK

URSPRUNGSLAND Norwegen

ENTSTEHUNGSZEIT 16. Jahrhundert

URSPRÜNGLICHE VERWENDUNG Papageientaucherjagd

HEUTIGE VERWENDUNG Begleithund

LEBENSERWARTUNG 12 Jahre

SYNONYM Norwegischer Vogelhund

GEWICHT 5,5–6,5 kg

WIDERRISTHÖHE 31–39 cm

GRAU

SCHWARZ

BRAUN/WEISS

SCHWARZ/WEISS

Nur mäßig bemuskelte Hinterläufe verleihen eher Wendigkeit als Tempo

Geschichte der Rasse Der Lundehund stammt aus Nordnorwegen und wurde jahrhundertelang verwendet, um Papageientauchernester an den steilen Klippen auszurauben. Er wurde erst 1943 als Rasse anerkannt.

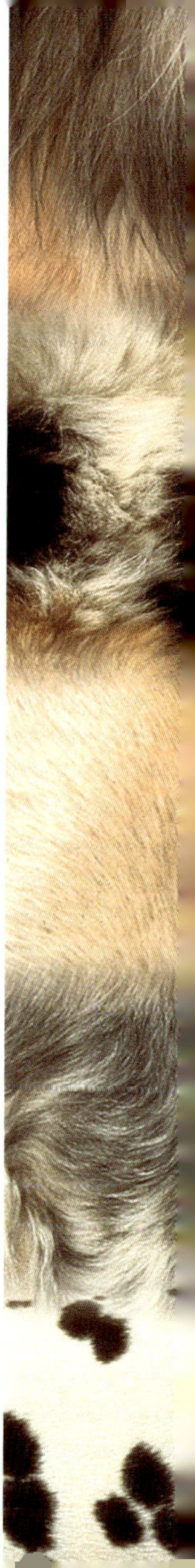

DEUTSCHER SPITZ

Der deutsche Spitz kommt in drei Schlägen vor: Groß-, Mittel- und Kleinspitz. Groß- und Kleinspitze dienten schon immer als Begleithunde, während die Mittelspitze früher tüchtige Bauernhunde waren. Ihre Beliebtheit hat in den letzten Jahre abgenommen, sogar der anhängliche Kleinspitz wird vom lebhaften Zwergspitz, einer fast identischen Rasse, zurückgedrängt. Das Nachlassen des Interesses an diesen Hunden ist nicht erstaunlich, denn Spitze fordern mehr Aufmerksamkeit als viele andere Rassen, ihr Fell muss regelmäßig und sorgfältig gepflegt werden, um nicht zu verfilzen. Manche Spitze, vor allem Rüden, zeigen ihre Abneigung Fremden oder anderen Hunde gegenüber auf radikale Weise. Auch mit dem Gehorsam steht der Spitz auf dem Kriegsfuß. Die selbstbewusste Rasse wirkt auf Ausstellungen elegant und ist, nach entsprechender konsequenter Erziehung, ein angenehmer Begleithund.

VIELE FARBEN

Am Schwanz ist das Haar am längsten, die Brust wird von dichtem, langem, ziemlich rauem Fell bedeckt

GESCHICHTE DER RASSE Dieser Spitz stammt vermutlich von spitzartigen Hütehunden ab, die mit den Wikingern nach Mitteleuropa kamen. Erste Berichte datieren von 1450. Die drei verschiedenen Schläge sind ähnlich im Körperbau, unterschiedlich in Größe und Farbe. Den Großspitz gibt es in Weiß, Braun oder Schwarz, während seine kleineren Verwandten viele Fellfarben tragen können.

AUF EINEN BLICK

URSPRUNGSLAND Deutschland

ENTSTEHUNGSZEIT 17. Jahrhundert

URSPRÜNGLICHE VERWENDUNG
Begleithund (Groß- und Kleinspitz), Bauernhund (Mittelspitz)

HEUTIGE VERWENDUNG
Begleithund (Groß-, Mittel- und Kleinspitz)

LEBENSERWARTUNG
12–13 Jahre – Großspitz
13–15 Jahre – Mittelspitz
14–15 Jahre – Zwergspitz

SYNONYME Deutscher Großspitz, Deutscher Mittelspitz, Deutscher Kleinspitz

GEWICHT
Großspitz 7,5–18,5 kg
Mittelspitz 10,5–11,5 kg
Kleinspitz 8,0–10,0 kg

WIDERRISTHÖHE
Großspitz 40,5–41,5 cm
Mittelspitz 29,0–36,0 cm
Kleinspitz 23,0–28,0 cm

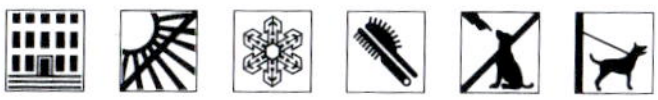

ZWERGSPITZ

Königin Viktoria trug im 19. Jahrhundert zur Beliebtheit des Zwergspitzes bei, als sie sich einige dieser liebenswerten Tiere zulegte. In seinen Anfangszeiten war der Zwergspitz größer und heller als jetzt. Weiß waren in der Regel die großen Tiere, die bis zu 13 Kilogramm wogen. Züchter brachten später die heute vorherrschenden dunklen und orangeroten Farbtöne hervor. Der Zwergspitz zählte ursprünglich zu den großen Rassen. Erst in jüngster Zeit wurde der Hund verkleinert. Er benimmt sich aber noch wie ein »großer Hund«, kläfft gern, ist ein hervorragender Begleithund und ein ausgezeichneter Wachhund, der sich auch gern mal mit größeren Hunde anlegt.

AUF EINEN BLICK

URSPRUNGSLAND Deutschland

ENTSTEHUNGSZEIT Mittelalter/19. Jahrhundert

URSPRÜNGLICHE VERWENDUNG Begleithund

HEUTIGE VERWENDUNG Begleithund

LEBENSERWARTUNG 15 Jahre

SYNONYM Deutscher Zwergspitz

GEWICHT 2–3 kg

WIDERRISTHÖHE 22–28 cm

CREME, WEISS

ROT-ORANGE

BLAU

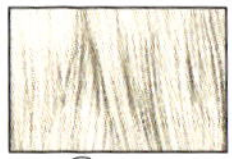

GRAU

BRAUN

SCHWARZ

Geschichte der Rasse Der heutige kleine Hund entstand in Pommern durch Auswahlzucht. Die klassische Spitzform und das dichte Fell weisen auf den arktischen Ursprung hin.

PAPILLON

Der zerbrechlich scheinende Papillon ähnelt einer Puderquaste. Mit den auffallenden Ohren, die an Schmetterlingsflügel erinnern (*papillon* bedeutet im Französischen Schmetterling), der kleinen Größe und einem feinen, seidigen und üppigen Fell, erscheint diese Rasse wie der klassische Schoßhund. Doch der Winzling hält seine Leute auf Trab. Er gehorcht ausgezeichnet, vorausgesetzt, man erzieht ihn sorgfältig und mit Geduld. Als stabil gebaute, robuste Rasse eignen sich die Hunde fürs Leben in der Stadt oder auf dem Land. Wie viele Zwergrassen neigt der Papillon zu Kniescheibenluxationen.

Zierliche, lange Hasenpfoten

Geschichte der Rasse Die Überlieferung besagt, dass der Papillon vom Spanischen Zwergspaniel des 17. Jahrhunderts abstammt. Sein Körperbau und sein langes Fell lassen jedoch Spitzahnen vermuten.

Auf einen Blick

Ursprungsland Kontinentaleuropa

Entstehungszeit 17. Jahrhundert

Ursprüngliche Verwendung Begleithund

Heutige Verwendung Begleithund

Lebenserwartung 13–15 Jahre

Synonym Schmetterlingshündchen

Gewicht 4–4,5 kg

Widerristhöhe 20–28 cm

SCHIPPERKE

Der Schipperke ist zwar klein, doch er hat die Persönlichkeit eines Straßenjungen. Dieses stämmige Energiebündel verdiente einst seinen Lebensunterhalt auf Kanalschiffen in Flandern und Brabant, vertrieb dort Ungeziefer und warnte die Schiffer vor Eindringlingen.
Die Rasse wurde auch an Land als tüchtige Ratten-, Kaninchen- und Maulwurfjäger eingesetzt. Dieses zierliche, robuste Tier ist ein idealer Haushund.

AUF EINEN BLICK

URSPRUNGSLAND Belgien

ENTSTEHUNGSZEIT Frühes 16. Jahrhundert.

URSPRÜNGLICHE VERWENDUNG Niederwildjagd, Schifferhund

HEUTIGE VERWENDUNG Begleithund

LEBENSERWARTUNG 12–13 Jahre

GEWICHT 3–8 kg

WIDERRISTHÖHE 22–33 cm

GESCHICHTE DER RASSE Die Ursprünge dieses kleinen Schifferhundes sind ungewiss, obwohl es ihn seit Jahrhunderten gibt. Anatomisch betrachtet ist er der klassische Spitztyp und mit anderen europäischen Spitzrassen, wie dem Deutschen Spitz, verwandt.

KEESHOND

In Großbritannien, Kanada und den USA werden Keeshond und Wolfspitz (ursprünglich ein Hütehund) als getrennte Rassen geführt, in den meisten anderen Ländern macht man keinen Unterschied. Früher wurden diese Hunde auf niederländischen Schiffen mitgeführt, doch vor mehr als hundert Jahren gingen sie auf Dauer an Land. Der aufmerksame Keeshond ist ein ausgezeichneter Wachhund und ein gutmütiger Begleithund, sowohl in der Stadt als auch auf dem Land. Er braucht eine liebevolle, aber feste Hand.

Sehr kleine Katzenpfoten mit dichtem Fell zwischen den Zehen

Geschichte der Rasse Der Keeshond, der nach Cornelius (Kees) de Gijselaer, einem holländischen Politiker, benannt ist, war einst ein beliebter Wachhund und Schadtierjäger in Südholland. Er ist der beliebteste große europäische Spitz in England und Nordamerika.

Auf einen Blick

Ursprungsland Niederlande

Entstehungszeit 16. Jahrhundert

Ursprüngliche Verwendung Schifferhund

Heutige Verwendung Begleit- und Wachhund

Lebenserwartung 12–14 Jahre

Synonym Wolfspitz

Gewicht 25–30 kg

Widerristhöhe 43–48 cm

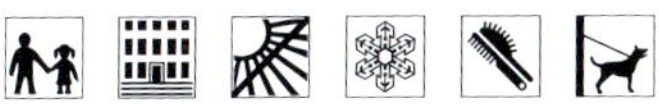

TERRIER

TERRIER STAMMEN VON LAUFHUNDEN AB – der Dachshund ist das klassische Beispiel für einen Laufhund, der verkleinert wurde. Durch Auswahlzucht verstärkte man den Aggressionstrieb der Terrier. Mutig dringen sie in den Bau eines Tieres vor und sie scheuen sich auch nicht vor einem Kampf mit dem Bewohner der unterirdischen Behausung.

Dandie Dinmont Terrier

ANGELSÄCHSISCHE WURZELN

Obwohl Dachs- und andere Erdhunde in vielen europäischen Ländern auftraten, stammen die meisten Terrierrassen aus Großbritannien. Ihr Name leitet sich vom lateinischen *terra*, Erde, ab. Vor 1560, als der britische Autor Dr. John Caius Terrier als bissig und streitsüchtig bezeichnete, fanden sie nur selten Erwähnung. Zu jener Zeit waren sie kurzbeinige Hunde, die auf Fuchs- und Dachsbauten angesetzt wurden. Während Dachshunde ein kurzes, glattes Fell besaßen, trugen diese Hunde ein raues Haarkleid, meist schwarz, lohfarben oder rehbraun. Sie hatten Stehohren und ein lebhaftes Temperament.

Alles war diesen robusten, muskulösen Hunden als Jagdbeute recht – Dachse und Füchse, Ratten, Wiesel, Frettchen, Otter, Murmeltiere, Mäuse und Schlangen. Kein Gebrauchshund war als »Jagdmaschine« so erfolgreich wie die zähen Terrier. Unter der Erde kam ihnen ihre kleine Größe zu Gute und natürlich ihr Mut sowie Zähigkeit und Entschlossenheit. Diese Eigenschaften besitzen Terrier noch heute. Daher überstehen sie Krankheiten besser als andere Rassen. Einem langen Leben steht nichts im Weg.

TÜCHTIGE ALLZWECKHUNDE

Im 19. Jahrhundert begleiteten kurzläufige Terrier in Satteltaschen sitzend die Foxhounds auf der Jagd. Hatten

Yorkshire-Terrier

die Laufhunde ihre Beute gestellt, ließ man die Terrier los, um dem Fuchs den Gnadenstoß zu geben. Die tüchtigen und vielseitigen Terrier wurden auf Bauernhöfen im Kampf gegen Ungeziefer eingesetzt und im Sport – als Rattenfänger oder im Kampf gegen Hunde und andere Tiere.

Bullenbeißer waren ursprünglich große mastiffähnliche Hunde. Um ihre Aggressivität zu steigern, kreuzte man Terrierblut ein. So entstanden die Bullterrier-Arten, die sich durch ihre Hartnäckigkeit von anderen großen, muskulösen Hunden unterscheiden. Wenn sie zubeißen, lassen sie nicht mehr los. Ausstellungshunde müssen zeigen, dass sie bereitwillig ein Stück Tierhaut angreifen.

Kerry Blue Terrier

Regionale Unterschiede

Kurzläufige Gebrauchsterrier gab es in ganz Großbritannien und Irland. Im 19. Jahrhundert begann man regionale Varianten zu erzüchten, oft von Jagd- und Apportierhunden. Diese Rassen gehen nicht unter die Erde, sondern hetzen, fangen, töten und bringen die Beute. Verschiedene zähe britische Rassen wurden zur Zucht neuer Terrierrassen exportiert

Unterhaltsame Hausgenossen

Terrier sind herrliche Familienhunde. Sie toben gern, haben unbegrenzte Energie und sind sehr unterhaltsam. Die meisten fühlen sich in der Stadt wohl. Alle schnappen gern einmal. Wenn ihnen das übermäßige Kläffen früh abgewöhnt wird, sind sie ausgezeichnete treue Wachhunde.

LAKELAND-TERRIER

Der Lakeland-Terrier war ein geschickter und gnadenloser Jäger, gut geeignet im felsigen Gebiet des britischen Lake District seine Beute zu verfolgen. Er nahm es ohne Weiteres auch mit größeren Gegnern auf. Die heutige Rasse stammt vermutlich von schwarz-lohfarbenen Farbschlägen, die auch Vorfahren des Welsh Terriers sind. Es gab Zeiten, in denen der Lakeland-Terrier auf Ausstellungen häufig zu sehen war und sogar Preise in Großbritannien und den USA errang. Aber im Vergleich zu anderen populären Rassen ist der Bestand derzeit gering. Er ist ein eigensinniger Terrier – seine Besitzer sollten über viel Geduld verfügen.

GESCHICHTE DER RASSE Der furchtlose, wendige Lakeland-Terrier wurde ursprünglich von Bauern in Nordengland gezüchtet und als Hütehund für Schafherden eingesetzt.

Auf einen Blick

Ursprungsland Großbritannien

Entstehungszeit 18. Jahrhundert

Ursprüngliche Verwendung Kleinsäugerjagd

Heutige Verwendung Begleithund

Lebenserwartung 13–14 Jahre

Gewicht 7–8 kg

Widerristhöhe 33–38 cm

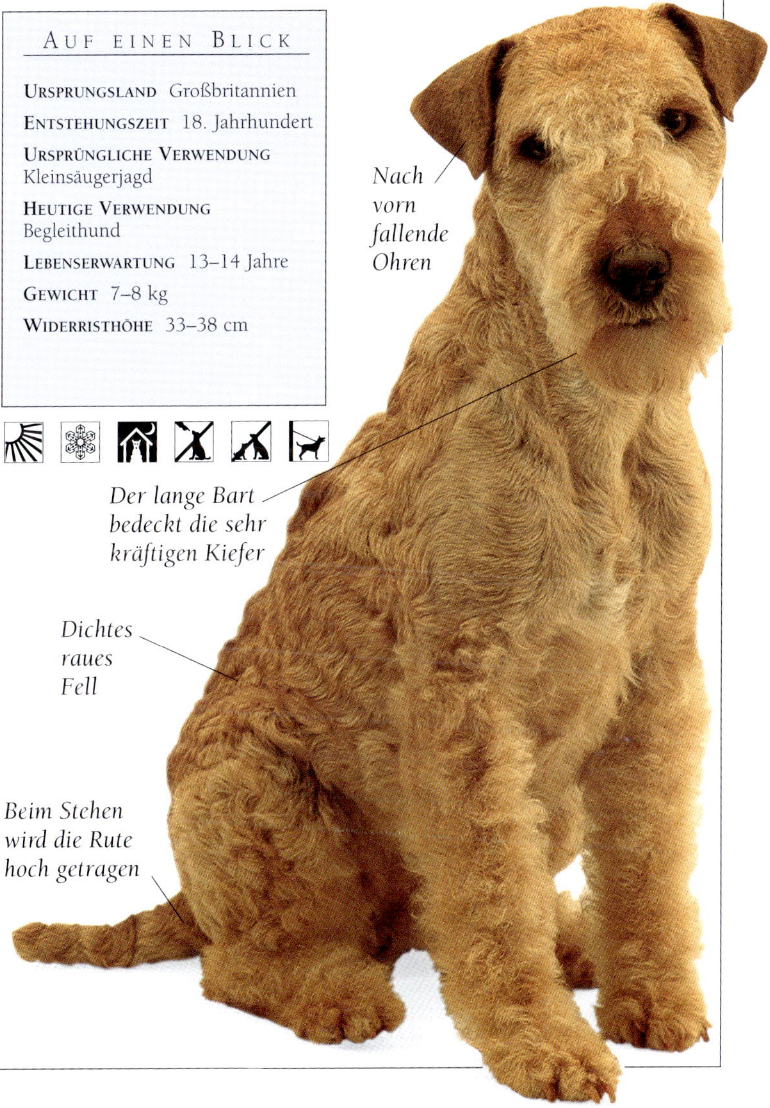

Welsh Terrier

Dieser lebhafte, eigensinnige Terrier braucht viel geistige und körperliche Betätigung. In Nordamerika ist er beliebter als in Europa. Der kompakte Hund eignet sich gut als Begleithund, gibt aber auch immer noch einen erfolgreichen Schadtierjäger ab. Da der Welsh Terrier von Gebrauchshunden abstammt, kann man ihn leicht zu Gehorsam erziehen. Kämpfen mit anderen Hunden geht er dennoch keineswegs nicht aus dem Weg.

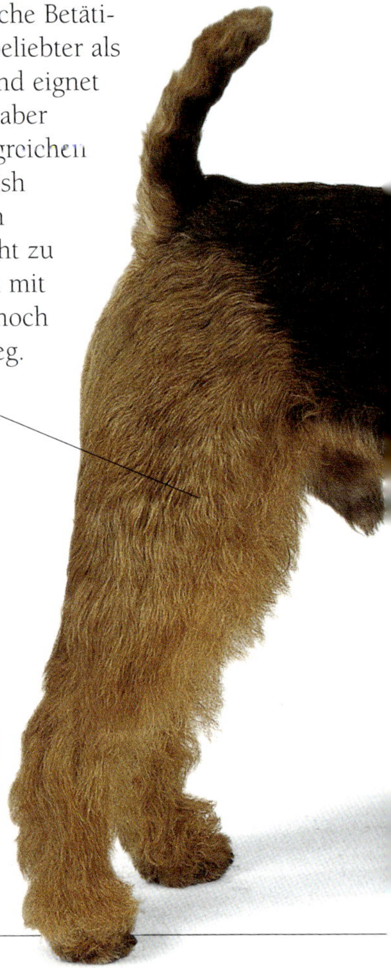

Auf einen Blick

Ursprungsland Großbritannien

Entstehungszeit 18. Jahrhundert

Ursprüngliche Verwendung Rattenjagd

Heutige Verwendung Begleithund

Lebenserwartung 14 Jahre

Gewicht 9–10 kg

Widerristhöhe 36–39 cm

Die Augen sind scharf und blicken aufmerksam
V-förmige, kleine Ohren
Das harte, dichte drahtige Fell erfordert eine sorgfältige Pflege
Kopf, Ohren und Bart sind immer lohfarben
Kräftige, muskulöse Keulen
Die Vorderläufe mit starken Knochen sind gerade
Kleine, runde, kompakte Pfoten

Yorkshire-Terrier

Dieses lebhafte Energiebündel ist heute in Europa und Nordamerika einer der häufigsten reinrassigen Hunde. Man nennt sie Yorky und verhätschelt sie als Schoßhündchen. Nur wenige Tiere bekommen eine Chance, ihren Lerneifer zu zeigen. Vielfach hat Überzüchtung zu nervösen und schwachen Tieren geführt. Ein typischer Yorkshire-Terrier ist quicklebendig und nimmt keine Rücksicht auf seine geringe Größe. Er spielt gern und scheint unbegrenzte Energie zu besitzen. Die Zwergwüchsigkeit führt zu vielen Gesundheitsproblemen wie Zahnfleischerkrankungen und Lungenkollaps. Auch wenn er oft als modisches Accessoire betrachtet wird, bleibt er seinen Vorfahren treu – er ist hartnäckig und eigensinnig.

Geschichte der Rasse Der beliebteste Terrier der Welt entstand im frühen 19. Jahrhundert in Yorkshire. Bergleute, die einen Rattenbeißer in Taschenformat haben wollten, kreuzten wohl schwarz-lohfarbene Terrier mit den heute verschwundenen Paisley und Clydesdale Terriern.

Das Haar wird zur Seite gebürstet oder gekürzt, sorgfältige Pflege ist nötig

Das schmale Gesicht wirkt durch den buschigen Bart viereckig

Auf einen Blick

Ursprungsland Großbritannien

Entstehungszeit 19. Jahrhundert

Ursprüngliche Verwendung
Rattenbeißer

Heutige Verwendung
Begleithund

Lebenserwartung 14 Jahre

Gewicht 2,5–3,5 kg

Widerristhöhe 22,5–23,5 cm

AUSTRALIAN SILKY TERRIER

Der blau-lohfarbene Australian Silky Terrier ähnelt im Aussehen dem Yorkshire-Terrier und nahm seinen Weg über die USA und Kanada, bis er auch in Europa heimisch wurde. Der Hund ist robust, ein Kläffer wie der Yorky, mit ebenso starken Revieransprüchen. Die Ankunft von Fremden kündigt er mit schriller Stimme an. Obwohl der Australian Silky klein ist, kann er kleine Nager töten. Er braucht eine frühe Gehorsamserziehung, wenn er friedlich mit Menschen zusammenleben soll. Unerzogen lebt er seinen Unabhängigkeitsdrang voll aus. Macht dieser eigenwillige Hunde nicht im frühen Alter gute Erfahrungen, dann lässt er sich später nicht anfassen und duldet keinen Fremden. Da das feine Fell leicht verfilzt, ist tägliches Bürsten ratsam. Die Rasse verträgt Kälte schlecht, da das Fell kaum Unterwolle besitzt.

GESCHICHTE DER RASSE

Der Australian Silky Terrier, entstanden im frühen 20. Jahrhundert, ist wohl das Ergebnis einer Kreuzung zwischen Australian Terrier und Yorkshire, vielleicht auch Skye Terrier. Er ist ein guter Begleithund.

Auf einen Blick

Ursprungsland Australien

Entstehungszeit 20. Jahrhundert

Ursprüngliche Verwendung Begleithund

Heutige Verwendung Begleithund

Lebenserwartung 14 Jahre

Synonyme Silky Terrier, Australischer Silky Terrier

Gewicht 4–5 kg

Widerristhöhe 22,5–23,5 cm

Australian Terrier

Der zähe, kampflustige Australian Terrier war ein idealer Siedlerhund. Er tötete kleine Schadtiere bis zur Größe einer Schlange und bewährte sich als aufmerksamer Wachhund, der einsam stehende Häuser vor Eindringlingen beschützte. Diese Eigenschaften besitzt dieser Terrier noch heute – bei einer Auseinandersetzung mit anderen Hunden gibt er nie nach. Er lässt auch keine Katze in Frieden, sofern er nicht mit ihr aufgewachsen ist. Als Hausgenosse erweist er sich als anhänglich und unterhaltsam. Allerdings sollte er eine sorgfältige Gehorsamserziehung absolvieren. Wie der Silky Terrier kam er nach dem Zweiten Weltkrieg mit Soldaten und Geschäftsleuten nach Nordamerika. Am häufigsten wird der Australian Terrier in Australien und Neuseeland gehalten, ist aber heute weltweit beliebt.

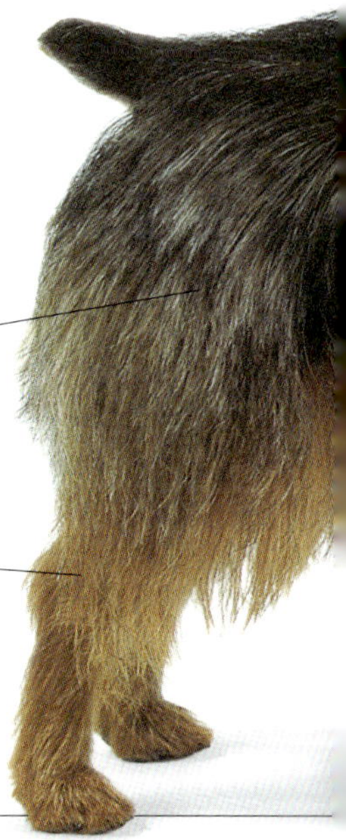

Geschichte der Rasse

Dieser stämmige Australier stammt von verschiedenen britischen Terriern, darunter Cairn, Yorkshire, Skye und vielleicht Norwich ab. Siedler brachten diese Rassen nach Australien, um einen tüchtigen Rattenfänger für ihre Bauernhöfe zu haben.

Auf einen Blick

Ursprungsland Australien

Entstehungszeit 19. Jahrhundert

Ursprüngliche Verwendung Rattenfänger, Gebrauchshund

Heutige Verwendung Begleithund

Lebenserwartung 14 Jahre

Gewicht 5–6 kg

Widerristhöhe 24,5–25,5 cm

Blau/Loh

Sandfarben

Irish Terrier

Obwohl der Irish Terrier heute meist als Begleithund eingesetzt wird, nutzt man ihn in Irland noch zur Jagd. In den USA wurde sein Geschick als Wasserhund dank der Geländewettbewerbe erhalten. Der ausgreifende Gang und der rassige Körperbau machen ihn zum elegantesten Terrier. Er ist ein guter Familienhund, tritt jedoch anderen Hunden gegenüber häufig herrisch auf. Gehorsamserziehung ist bei ihm sehr wichtig.

Auf einen Blick

Ursprungsland Irland

Entstehungszeit 18. Jahrhundert

Ursprüngliche Verwendung Wachhund, Schadtierjäger

Heutige Verwendung Begleit-, Sport- und Rennhund, Schadtierjäger

Lebenserwartung 13 Jahre

Synonym Irish Red Terrier, Irischer Terrier

Gewicht 11–12 kg

Widerristhöhe 46–48 cm

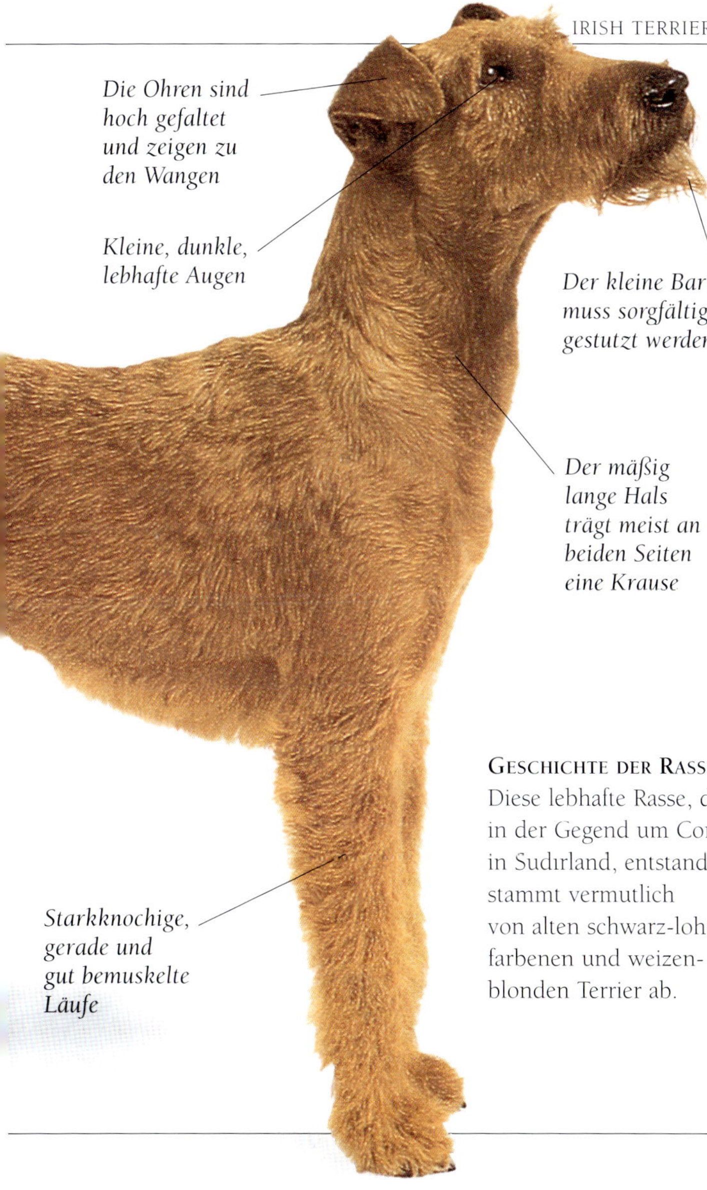

Geschichte der Rasse
Diese lebhafte Rasse, die in der Gegend um Cork, in Sudirland, entstand, stammt vermutlich von alten schwarz-lohfarbenen und weizenblonden Terrier ab.

Kerry Blue Terrier

Kerry-Blue-Welpen werden schwarz geboren, ihr Fell färbt sich zwischen dem neunten und 24. Lebensmonat blau. Je früher der Farbwechsel, desto heller das Fell. Die Rasse ist ohne Unterwolle und mit Deckhaar, das kaum haart. Sie ist ein guter Familienhund und vielseitig: Schutzhund, Rattenfänger, Apportierer aus dem Wasser, auch Jagd- und Hütehund.

Auf einen Blick

Ursprungsland Irland

Entstehungszeit 18. Jahrhundert

Ursprüngliche Verwendung Dachs-, Fuchs- und Rattenjagd

Heutige Verwendung Begleithund, Ratten- und Kaninchenjagd

Lebenserwartung 14 Jahre

Synonym Irish Blue Terrier

Gewicht 15–17 kg

Widerristhöhe 46–48 cm

Geschichte der Rasse Diese Rasse ist laut Regierungsbeschluss der Nationalhund Irlands. Sie stammt aus der Grafschaft Kerry und wurde 1922 international anerkannt, als die britische Züchterin, Mrs. Casey Hewitt, den Rassestandard festlegte.

Soft-coated Wheaten Terrier

Als wohl sanftester der irischen Terrier ist der Wheaten in jüngster Zeit in Kanada und den USA als unterhaltsamer Hausgenosse große Mode geworden. Seine berechtigte Beliebtheit beruht auf seiner Vielseitigkeit, deren Ursache in einem alten irischen Gesetz liegt, das es Bauern verbot, Jagdhunde zu besitzen. Der »Bauernhund« Wheaten wurde gezüchtet, um diese Einschränkung zu umgehen. Das Ergebnis ist ein einigermaßen gehorsamer und erziehbarer Begleithund.

Auf einen Blick

Ursprungsland Irland

Entstehungszeit 18. Jahrhundert

Ursprüngliche Verwendung Hütehund, Schadtierjagd

Heutige Verwendung Begleithund

Lebenserwartung 13–14 Jahre

Gewicht 16–20 kg

Widerristhöhe 46–48 cm

GESCHICHTE DER RASSE Dieser Terrier ist mit dem Kerry Blue und dem Irish Terrier verwandt. Er stammt aus den Grafschaften Kerry und Cork in Südirland. Jahrhundertelang war er ein Allzweckhund: Wach-, Treib-, Hüte- und Jagdhund.

Glen of Imaal Terrier

Dies ist der seltenste der irischen Terrier und er teilt mit den anderen »Bauernhunden« der Insel eine besondere Hartnäckigkeit. Bevor seine Umgangsformen durch Auswahlzucht verbessert wurden, war er ein scharfer Fuchs- und Dachsjäger, klein genug, um seiner Beute in den Bau zu folgen und sie dort zu töten. Er wurde in Hundekämpfen eingesetzt, die in Irland, im Gegensatz zu Großbritannien, im Freien stattfanden. Der Glen wurde 1933 erstmals ausgestellt. Heute ist er ein ziemlich gelassener und zärtlicher Hausgenosse, der aber nicht vor einem Kampf zurückschreckt.

Weizen

Blau

Rot-gestreift

Schwarz-gestreift

Auf einen Blick

Ursprungsland Irland

Entstehungszeit 18. Jahrhundert

Ursprüngliche Verwendung
Schadtierjäger

Heutige Verwendung
Begleithund

Lebenserwartung 13–14 Jahre

Gewicht
15,5–16,5 kg

Widerristhöhe 35,5–36,5 cm

Geschichte der Rasse Diese alte Rasse unbekannten Ursprungs heißt nach einem Tal in der ostirischen Grafschaft Wicklow. Der Hund ist zäh, stämmig und anpassungsfähig und eignet sich perfekt zur Fuchsjagd im unwegsamen Gelände.

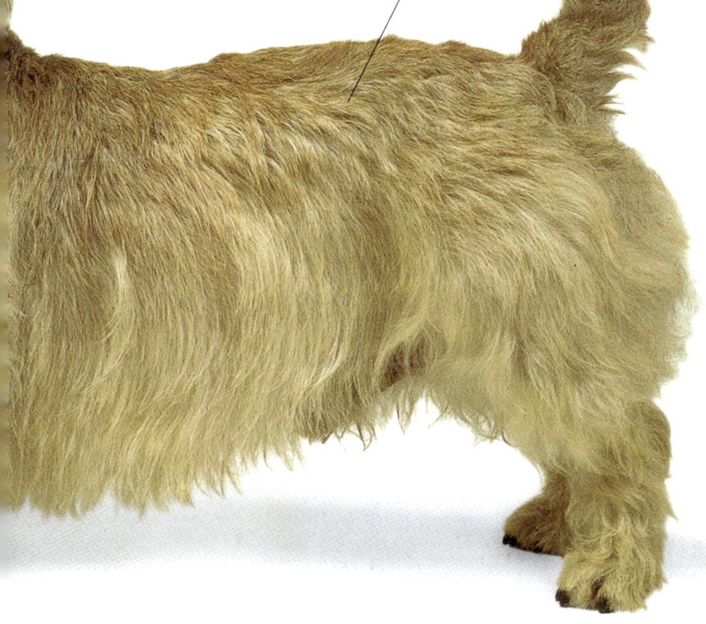

Der untersetzte, lang gestreckte Körper wirkt stämmig

NORFOLK-TERRIER

Mit Ausnahme der Ohren gleicht sein Aussehen dem der Norfolk- und Norwich-Terrier. Gleich sind auch Wesen Ursprung und Funktion. Der Norfolk ist ein liebenswerter kleiner Hund, obwohl er als Terrier jeden Nager, den er sieht, am liebsten angreifen und abwürgen möchte. Wie alle Terrier muss man ihn mit Katzen sehr vorsichtig bekannt machen, um den Ausbruch seiner natürlichen Instinkte in Grenzen zu halten. Dieser gutmütige, robuste Hund eignet sich gut als Hausgenosse. Er ist ein guter Wachhund und schlägt zuverlässig bei Fremden oder bei ungewohnten Geräuschen an. Er fühlt sich in der Stadt oder auf dem Land wohl.

AUF EINEN BLICK

URSPRUNGSLAND Großbritannien

ENTSTEHUNGSZEIT 19. Jahrhundert

URSPRÜNGLICHE VERWENDUNG Rattenbeißer

HEUTIGE VERWENDUNG Begleithund

LEBENSERWARTUNG 14 Jahre

GEWICHT 5–5,5 kg

WIDERRISTHÖHE 24,5–25,5 cm

Kleine, runde Pfoten mit festen Ballen

GESCHICHTE DER RASSE Seit der Anerkennung als Rasse bringt der Norwich Terrier Welpen mit Steh- und mit Kippohren hervor. Daher führt man den von Haus aus kippohrigen Norfolk seit 1965 als eigene Rasse.

NORWICH-TERRIER

Der Norwich, einer der kleinsten Terrier, existiert in Ostengland bereits seit mehr als hundert Jahren. Im späten 19. Jahrhundert diente er den Studenten der Universität Cambridge als Maskottchen. Jedoch erst 1935 wurde er als eigene Rasse ausgestellt. Der Norwich ist ein typischer herrischer Terrier, der fest an seine eigene Wichtigkeit glaubt. Er ist aber ein idealer Familienhund und kommt mit älteren Kindern gut aus. Die Gehorsamserziehung ist einfacher als bei den meisten Terriern, und er kneift auch bei wilden Spielen nicht. Der Norwich hat kaum Erbkrankheiten.

AUF EINEN BLICK

URSPRUNGSLAND Großbritannien

ENTSTEHUNGSZEIT 19. Jahrhundert

URSPRÜNGLICHE VERWENDUNG
Rattenbeißer

HEUTIGE VERWENDUNG
Begleithund

LEBENSERWARTUNG 14 Jahre

GEWICHT 5–5,5 kg

WIDERRISTHÖHE 25–26 cm

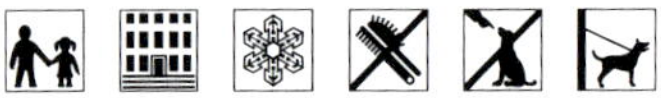

Kurzer, kompakter Rumpf mit breitem Brustkorb

Geschichte der Rasse Im 19. Jahrhundert. gab es Meuten kleiner roter Terrier, die von den Irish Terrier abstammten. Der Norwich könnte ein Nachfahre dieser Hunde oder des ausgestorbenen Trumpington Terriers sein.

WEIZEN
ROT
SCHWARZ/LOH
GRAU

BORDER-TERRIER

Der Border, ein unkomplizierter Terrier, ist so klein gebaut, dass er jedem Fuchs ins engste Loch folgen kann. Seine Beine sind aber lang genug, um mit Reitern Schritt halten zu können. Da er bei Ausstellungen nie viel Beachtung fand, hat er seinen ursprünglichen Körperbau und seine Funktion beibehalten. Sein derbes Fell schützt ihn bei Wind und Wetter. Seine langen Beine und die Ausdauer erlauben ihm, anstrengende Aktivitäten problemlos durchzuhalten. Das umgängliche Wesen des Borders macht ihn zu einem guten Familienhund.

AUF EINEN BLICK

URSPRUNGSLAND Großbritannien

ENTSTEHUNGSZEIT 18. Jahrhundert

URSPRÜNGLICHE VERWENDUNG
Rattenbeißer, Austreiben von Füchsen aus dem Bau

HEUTIGE VERWENDUNG
Begleithund, Jagdbegleiter

LEBENSERWARTUNG 13–14 Jahre

GEWICHT 5–7 kg

WIDERRISTHÖHE 25–28 cm

GESCHICHTE DER RASSE

Der genaue Ursprung der Rasse ist ungewiss. Es ist belegt, dass sie, der heutigen Form schon sehr ähnlich sehend, im späten 18. Jahrhundert im Grenzgebiet zwischen England und Schottland lebte.

WEIZEN

LOH/ROT

GRAU

BLAU/LOH

Lebhafte, wache, dunkle Augen
Kleine, V-förmige Ohren
Kurzer Fang
Harsches, dichtes Fell
Hinter-lauf mit kräf-tigen Lenden

Cairn-Terrier

Bis er von West Highland White und Yorkshire-Terrier verdrängt wurde, war der Cairn einer der beliebtesten Terrier. Im frühen 20. Jahrhundert bemühten sich die Züchter, das natürliche zottige Fell, den stämmigen Körper und die Terrier-Eigenschaften des Cairn zu erhalten. Der Hund fühlt sich in der Stadt und auf dem Land zu Hause. Der Cairn ist ein guter Wachhund und lernt leichter Gehorsam als die meisten Terrier, doch hat er ihr Temperament. Vor allem Rüden können herrisch auftreten und man sollte bei der ersten Begegnung mit Kindern vorsichtig sein. Dank solider Gesundheit und Anpassungsfähigkeit ist er ein guter Hausgenosse.

Creme

Weizen

Schwärzlich

Grau

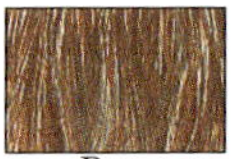

Rot

GESCHICHTE DER RASSE Der Cairn könnte von der schottischen Insel Skye stammen, wo er mindestens seit der Zeit von Königin Maria Stuart in den *cairns* (Hügelgräbern) versteckte Füchse aufspürte.

AUF EINEN BLICK

URSPRUNGSLAND Großbritannien

ENTSTEHUNGSZEIT Mittelalter

URSPRÜNGLICHE VERWENDUNG Fuchs- und Rattenjagd

HEUTIGE VERWENDUNG Begleithund

LEBENSERWARTUNG 14 Jahre

GEWICHT 6–7 kg

WIDERRISTHÖHE 25–30 cm

West Highland White Terrier

Obwohl der West Highland White und der Cairn Terrier gemeinsame Vorfahren haben, brachte die Auswahlzucht zwei Rassen mit sehr unterschiedlichem Wesen hervor. Der Westie ist – gemeinsam mit dem Scottish Terrier – in aller Welt durch seine Rolle in der Werbung für schottischen Whisky bekannt geworden. Weißes Fell symbolisiert Glück oder auch nur Sauberkeit. Vielleicht liebt man den Westie deshalb so in Nordamerika, Großbritannien, Europa und Japan. Die Rasse ist anfällig für allergische Hautreaktionen und hat ein reizbares Temperament. Der Hund braucht viel Beachtung und regelmäßigen Auslauf.

Auf einen Blick

Ursprungsland Großbritannien

Entstehungszeit 19. Jahrhundert

Ursprüngliche Verwendung Rattenbeißer

Heutige Verwendung Begleithund

Lebenserwartung 14 Jahre

Gewicht 7–10 kg

Widerristhöhe 25–28 cm

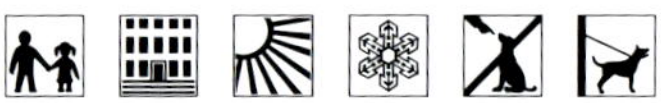

Hartes Deckhaar

Kleine Stehohren mit scharfen Spitzen

Etwas tiefliegende weit auseinander stehende Augen

Der Kopf ist sehr dick behaart

GESCHICHTE DER RASSE Der Cairn Terrier warf manch mal weiße Welpen. Diese verwendete die Familie Malcolm zur Zucht von Hunden, die in den dunklen schottischen Mooren gut zu sehen waren.

Skye-Terrier

Dieser Terrier ist seit Jahrhunderten beliebt und war einmal der Lieblingshund der Königshäuser von Schottland und England. Schottlands berühmtester Hund, Greyfriar's Bobby, soll ein Skye Terrier gewesen sein. Mitte des 19. Jahrhunderts riss Bobby aus und besuchte bis zu seinem Tod, noch 14 Jahre nach dem Tod seines Herrn, jeden Tag dessen Stammcafé. Ein Denkmal für diesen treuen Begleiter steht neben der Greyfriar's Church in Edinburgh. Der sehr anhängliche Skye neigt zum Schnappen, wenn er gereizt wird. Für Kinder eignet er sich daher nicht.

Geschichte der Rasse Dieser extrem langhaarige Terrier ist nach der schottischen Hebrideninsel benannt worden, von der er stammt. Er wurde einst sehr intensiv zur Otter-, Dachs- und Wieseljagd eingesetzt. Heute ist er ein beliebter Begleiter, ideal für die Haltung in der Stadt.

Auf einen Blick

Ursprungsland Großbritannien

Entstehungszeit 17. Jahrhundert

Ursprüngliche Verwendung Kleintierjagd

Heutige Verwendung Begleithund

Lebenserwartung 13 Jahre

Gewicht 8,5–10,5 kg

Widerristhöhe 23–25 cm

Das reiche Deckhaar ist lang und gerade

CREME
REHBRAUN
GRAU
SCHWARZ
Lange Haare bedecken die Augen
Schwarze Nase mit großen, weiten Nüstern

Scottish Terrier

Dieser stabile, ruhige und fast ein wenig verdrießliche Hund war in Nordamerika immer beliebter als in Europa. Der amerikanische Präsident F. D. Roosevelt hatte seinen Scottie Fala oft auf seinen Reisen dabei. Walt Disney bestärkte das vornehme Image der Rasse mit seinem Film *Susi und Strolch*. Der etwas zurückhaltende Scottie ist ein guter Begleit- und Wachhund.

Auf einen Blick

Ursprungsland Großbritannien

Entstehungszeit 19. Jahrhundert

Ursprüngliche Verwendung Jagd auf Kleinsäuger

Heutige Verwendung Begleithund

Lebenserwartung 13–14 Jahre

Synonyme Aberdeen Terrier, Scotch Terrier, Scottie

Gewicht 8,5–10,5 kg

Widerristhöhe 25–28 cm

Geschichte der Rasse Der Scottie stammt wohl von den Hunden der westschottischen Inseln ab, die man im 19. Jahrhundert in Aberdeen weiterzüchtete.

Dandie Dinmont Terrier

Man rätselt seit langem, ob der Dandie Dinmont nun vom Skye, Bedlington oder dem alten Scottish Terrier abstammt. Vielleicht auch vom Otterhound oder dem flämischen Basset? Nur eines steht fest: Der sanfte Hund verfügt nicht über die typische Draufgängermentalität der Terrier, auch wenn er tief und kräftig bellt und einem Kampf nicht ausweicht, wenn man ihn reizt. Da er weder rauflustig noch bissig ist, gibt er einen angenehmen, treuen Hausgenossen ab, der die Gesellschaft von Erwachsenen und Kindern liebt. Und er bewährt sich als Wachhund. Obwohl er sich gern austobt, spielt er auch gern im Haus oder Garten. Der lange Rücken und die kurzen Läufe führen oft zu Bandscheibenproblemen.

Auf einen Blick

Ursprungsland Großbritannien

Entstehungszeit 17. Jahrhundert

Ursprüngliche Verwendung Dachs- und Rattenjagd

Heutige Verwendung Begleithund

Lebenserwartung 13–14 Jahre

Gewicht 8–11 kg

Widerristhöhe 20–28 cm

Pfeffer

Senf

Geschichte der Rasse Der Dandie Dinmont wurde nach einem Landedelmann in Sir Walter Scotts Roman *Guy Mannering* benannt. Gemälde belegen, dass er schon lange vor der Namensgebung vom Adel gehalten wurde. Er stammt vielleicht von den Zigeunerhunden Südschottlands ab.

BEDLINGTON-TERRIER

Der Legende nach waren Whippet, Otterhound, und Dandie Dinmont die Vorfahren dieser Rasse. Das »Schafffell« verbirgt ihr Verlangen, Wild aufzuspüren und zu töten. Dieser ungewöhnliche Hund sieht zwar wie ein Schäfchen aus, aber in ihm stecken die Bedürfnisse eines echten Terriers. Wenn Anregungen und Aktivitäten fehlen, neigt der Hund dazu, allerlei zu zerstören.

AUF EINEN BLICK

URSPRUNGSLAND Großbritannien

ENTSTEHUNGSZEIT 19. Jahrhundert

URSPRÜNGLICHE VERWENDUNG Ratten- und Dachsjagd

HEUTIGE VERWENDUNG Begleithund

LEBENSERWARTUNG 14–15 Jahre

SYNONYM Rothbury-Terrier

GEWICHT 8–10 kg

WIDERRISTHÖHE 38–43 cm

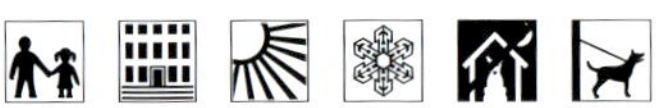

LEBER

SAND

BLAU

Lefzen hängen nicht über

Die weißen, seidigen Haarfransen an den Spitzen der Ohren werden nicht geschoren

GESCHICHTE DER RASSE Zigeuner, die nahe der schottischen Grenze im Wald von Rothbury lebten, hielten früher tüchtige, schnelle Arbeitsterrier, die Rothbury-Terrier. Vermutlich stammt der Bedlington-Terrier, der erstmalig 1870 in Bedlington, Northumberland, gezeigt wurde, von diesen Hunden ab.

SEALYHAM-TERRIER

Der Sealyham, den man heute nicht mehr zur Jagd einsetzt, ist ein schöner, herrischer und unabhängiger Begleithund. Auch auf Ausstellungen macht er eine gute Figur. Seine Ursprünge als mutiger Jagdhund für Dachse und Otter zeigen sich noch in seiner oft aggressiven Haltung anderen Hunden gegenüber. Auch nach einem Jahrhundert der Zucht als Begleithund brauchen besonders Rüden immer noch eine feste Führung. In den 1930er Jahren war der Sealyham vor allem in den USA sehr beliebt. Heute kennt man ihn außerhalb der englischsprachigen Länder kaum und selbst in seiner Heimat ist er selten.

GESCHICHTE DER RASSE Der Sealyham wurde aus verschiedenen Terrierschlägen erzüchtet. Es entstand ein hervorragender Dachs- und Otterjäger, der gut unter und über der Erde und im Wasser arbeitet.

Bemerkenswert kräftige Schenkel

Das lange, drahtige Fell muss für Ausstellungen fachmännisch bearbeitet werden

Auf einen Blick

Ursprungsland Großbritannien

Entstehungszeit 1870er Jahre

Ursprüngliche Verwendung Dachs- und Otterjagd

Heutige Verwendung Begleithund

Lebenserwartung 14 Jahre

Gewicht 8–9 kg

Widerristhöhe 25–30 cm

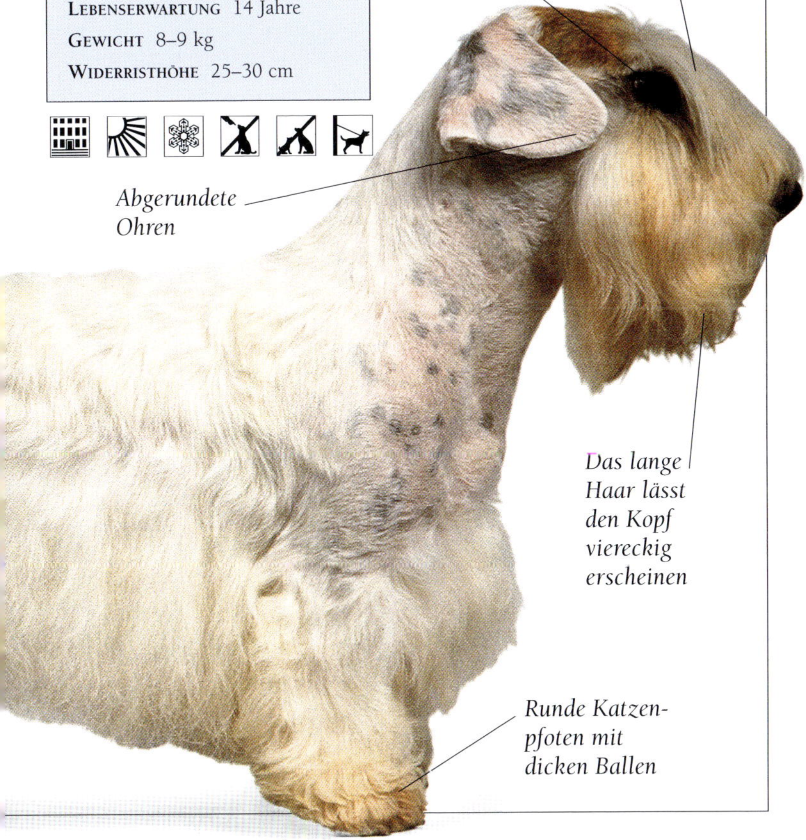

GLATTHAAR-FOXTERRIER

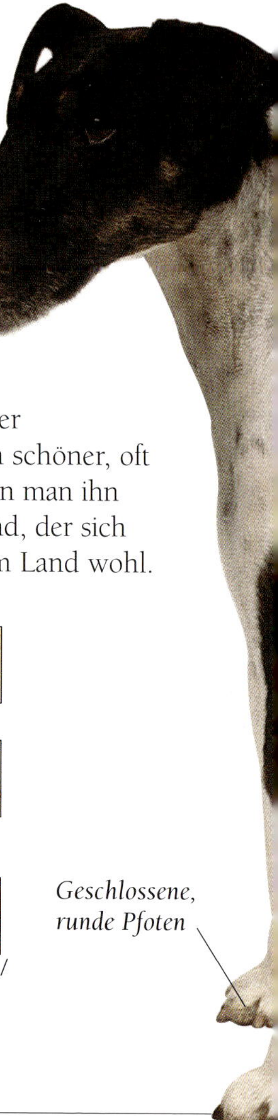

Früher besaß jede englische Grafschaft ihren eigenen Foxterrier. Diese Rasse trägt wohl noch immer die Gene der ausgestorbenen weißen Cheshire- und Shropshire-Terrier, außerdem jene des Beagles. Der Glatthaar-Foxterrier war ein klassischer Gebrauchshund, heute ist er vor allem ein schöner, oft eigensinniger Begleithund. Mit Geduld kann man ihn zum Gehorsam erziehen. Der wendige Hund, der sich gern ohne Leine bewegt, fühlt sich auf dem Land wohl.

AUF EINEN BLICK

URSPRUNGSLAND Großbritannien

ENTSTEHUNGSZEIT 18. Jahrhundert

URSPRÜNGLICHE VERWENDUNG Austreiben von Füchsen, Schadtierjäger

HEUTIGE VERWENDUNG Begleithund

LEBENSERWARTUNG 13–14 Jahre

GEWICHT 7–8 kg

WIDERRISTHÖHE 38,5–39,5 cm

WEISS

WEISS/LOH

SCHWARZ/LOH

GESCHICHTE DER RASSE Früher nannte man alle Hunde, die unter der Erde Füchse jagten, Fox Terrier. Erst 1850 begann eine kontrollierte Zucht und entwickelte die heutige Rasse.

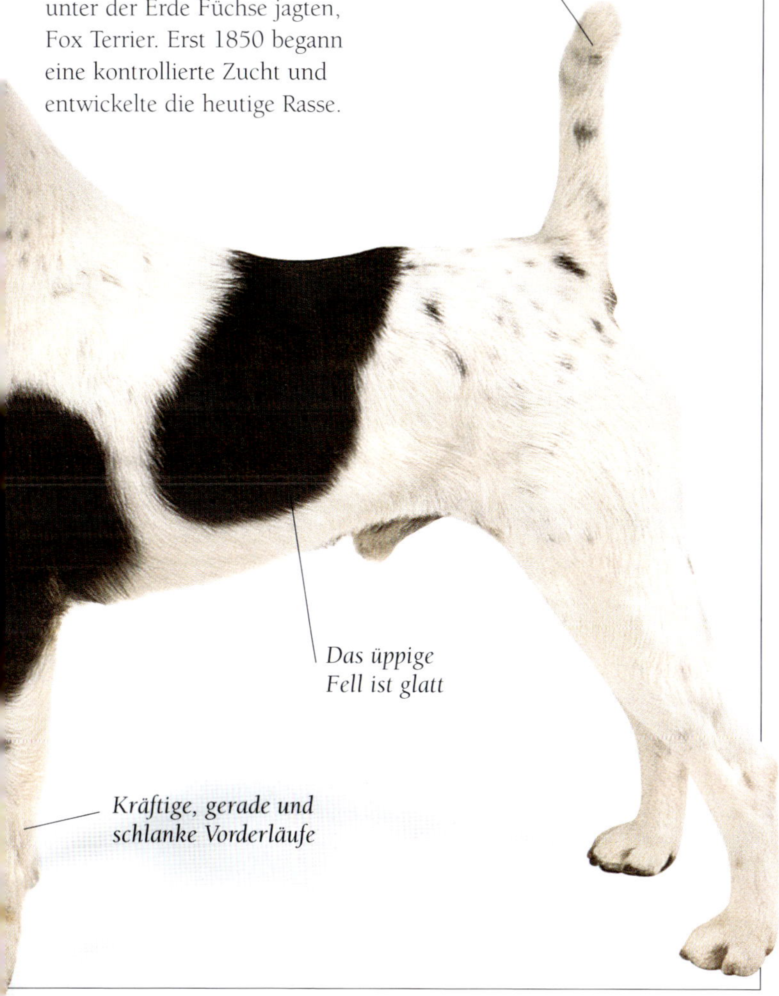

DRAHTHAAR-FOXTERRIER

Den Drahthaar-Foxterrier, beliebter als sein glatthaariger Verwandter, sah man erst in den 1870er Jahren auf Ausstellungen. In den 1930er Jahren war er sehr in Mode, verschwand dann eine Weile und tauchte jetzt als »klassische« englische Rasse wieder auf. Er hält sich Menschen gegenüber zurück, ist eigenwillig und kann etwas bissig sein. Typisch für ihn ist die Freude am Graben. Auch fordert er gern andere Hunde zu Kämpfen heraus. Bei vorwiegend weißen Tieren kann Taubheit auftreten.

WEISS

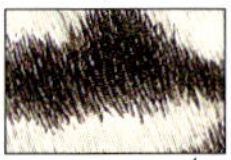

WEISS/ SCHWARZ

WEISS/ LOH

Geschichte der Rasse Der Drahthaar-Foxterrier stammt von den ausgestorbenen Draht-haar-Terrier der Kohlenregionen Englands ab. Er stellt den klassischen Terriertyp dar.

Die Oberkante der Ohrenfalte überragt den Schädel

Dichter Schnurrbart

Nach hinten abfallende Schultern

Schlanke, gerade Vorderläufe

Auf einen Blick

Ursprungsland Großbritannien

Entstehungszeit 19. Jahrhundert

Ursprüngliche Verwendung Austreiben von Füchsen, Jagd auf Kleinsäuger und Kaninchen

Heutige Verwendung Begleithund

Lebenserwartung 13–14 Jahre

Gewicht 7–8 kg

Widerristhöhe 38,5–39,5 cm

PARSON-JACK-RUSSELL-TERRIER

Dies ist die seltenere Version des beliebtesten britischen Landterrier, des Jack-Russell. Der Parson-Jack-Russell erfüllt die Anforderungen des ersten Züchters nach langen Läufen, die es ihm bei der Jagd ermöglichten, mit Pferden Schritt zu halten. Der Geistliche, der die Rasse entwickelte, bevorzugte drahthaarige Hunde, heute ist glattes und Drahthaar zulässig und beliebt. Dieser lebhafte und robuste Hund ist ein guter Begleithund, braucht aber viel Auslauf.

Geschlossene Pfoten mit Haaren zwischen den Zehen

AUF EINEN BLICK

URSPRUNGSLAND Großbritannien

ENTSTEHUNGSZEIT 19. Jahrhundert

URSPRÜNGLICHE VERWENDUNG Jagd, Austreiben von Füchsen

HEUTIGE VERWENDUNG Begleithund

LEBENSERWARTUNG 13–14 Jahre

GEWICHT 5–8 kg

WIDERRISTHÖHE 28–38 cm

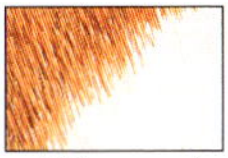

WEISS/
BRAUN

WEISS/
SCHWARZ

DREIFARBIG

GESCHICHTE DER RASSE

Reverend Jack Russell aus Südwestengland, ein Gründungsmitglied des Kennel Club of Great Britain, entwickelte diesen drahthaarigen Foxterrier-Typ. Seine Läufe sind lang genug, um bei der Jagd neben Pferden herzulaufen, sein Körper ist klein genug, um in einen Fuchsbau zu schlüpfen.

Jack-Russell-Terrier

Der überschwängliche, unterhaltsame Jack-Russell-Terrier ist ein hyperaktives Muskelpaket. Manche Vertreter dieser beliebten Rasse für Stadt oder Land können bissig und aggressiv gegenüber allem sein, was sich bewegt (auch Menschen). Der Hund mag Aktivität und ist in der Regel zu seiner Familie und auch Fremden außerordentlich freundlich.

Auf einen Blick

Ursprungsland Großbritannien

Entstehungszeit 19. Jahrhundert

Ursprüngliche Verwendung
Rattenjäger

Heutige Verwendung
Begleithund, Rattenjagd

Lebenserwartung 13–14 Jahre

Gewicht 4–7 kg

Widerristhöhe 25–26 cm

Geschichte der Rasse Diese heute sehr populäre Rasse ist bis auf die kürzeren Läufe und die größere Aussehensvielfalt fast identisch mit dem Parson-Jack-Russell. Zur Rattenjagd gezüchtet, hat sie den »Killerinstinkt« bewahrt.

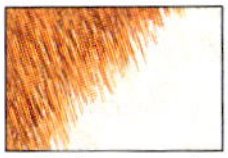
WEISS/ SCHWARZ

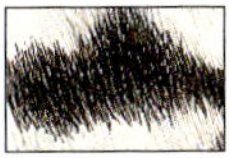
WEISS/ SCHWARZ

DREIFARBIG

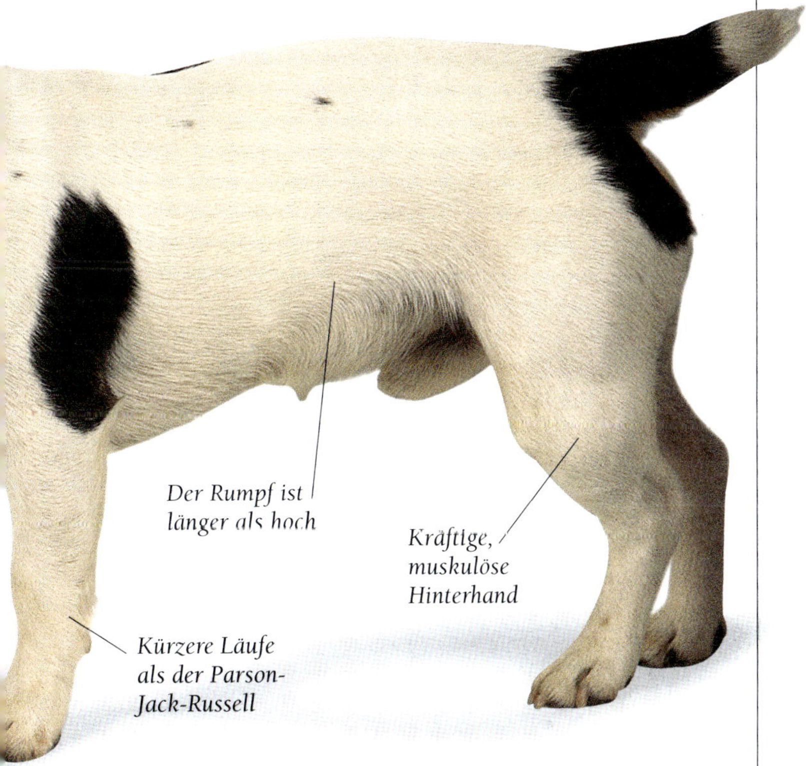

MANCHESTER-TERRIER

Diese schlanke, athletische Rasse war vor etwa hundert Jahren am populärsten, als man sie als »Terrier des Englischen Gentleman« kannte. Nach dem Export nach USA und Deutschland, glaubte man zu Unrecht, dass der Dobermann sein schwarz-lohfarbenes Fell von ihr hätte. Nach dem Verbot des Ohrenkupierens dauerte es eine Weile, bis Züchter die V-förmigen Kippohren geschaffen hatten. Der Manchester-Terrier ist ein etwas hitziger, aber robuster Begleithund.

AUF EINEN BLICK

URSPRUNGSLAND Großbritannien

ENTSTEHUNGSZEIT 16. Jahrhundert

URSPRÜNGLICHE VERWENDUNG Ratten- und Kaninchenjagd

HEUTIGE VERWENDUNG Begleithund

LEBENSERWARTUNG 13–14 Jahre

SYNONYM Black-and-tan-Terrier

GEWICHT 5–10 kg

WIDERRISTHÖHE 38–41 cm

Das glänzende, dicke, glatte Fell fühlt sich fast hart an

Geschichte der Rasse Schadtier jagende Black-and-tan Terrier gab es in Großbritannien seit Jahrhunderten. Als im 19. Jahrhundert John Hulme, ein Züchter aus Manchester, sie mit seinen Whippets kreuzte, entstand dieser kräftige Ratten- und Kaninchenjäger. Heute gibt es den Manchester-Terrier nur noch selten.

ENGLISH TOY TERRIER

Der English Toy Terrier, der selbst in seinem Ursprungsland relativ selten ist, stammt von kleinwüchsigen Manchester-Terriern ab. Vielleicht wurden Italienische Windspiele eingekreuzt, um die Größe zu sichern. Daher könnte auch der leicht gebogene »Karpfenrücken« herrühren. Der Hund besitzt jedoch die Persönlichkeit eines reinen Terriers. Im Verlauf der Zucht betonte man verschiedene Aspekte: geringe Größe, gebogener Rücken und »Kerzenflammen«-Ohren. Dieser lebhafte, kleine Terrier wird wahrscheinlich nie so beliebt werden wie der ihm ähnliche Zwergpinscher. Er ist ein guter Begleithund und bestens fürs Stadtleben geeignet.

Geschichte der Rasse Diese Rasse war bei ihrem Auftauchen vor hundert Jahren eine Sensation, doch litt sie unter gesundheitlichen Problemen. Züchter versuchen, die Gesundheit und das Aussehen zu verbessern.

Auf einen Blick

Ursprungsland Großbritannien

Entstehungszeit 19. Jahrhundert

Ursprüngliche Verwendung Ratten- und Kaninchenjagd

Heutige Verwendung Begleithund

Lebenserwartung 12–13 Jahre

Synonyme Black-and-tan-Toy-Terrier, Toy Manchester Terrier

Gewicht 3–4 kg

Widerristhöhe 25–30 cm

Bullterrier

Im Bullterrier wurde die Kraft der Bulldoge mit der Ausdauer des Terriers vereint, um den perfekten Kampfhund zu schaffen. Der ursprüngliche Züchter, James Hinks, bevorzugte weiße Bullterrier und entschied sich damit aus Unwissenheit für erbliche Taubheit, chronische Haut- und Herzleiden. Dunkle Bullterrier sind weniger krankheitsanfällig, obwohl ein ererbtes Nierenversagen in der Jugend auftreten kann. Die Rasse neigt verhältnismäßig wenig zum Schnappen und Beißen und mag Menschen. Wenn der Hund beißt, sind die Verletzungen beträchtlich, weil er nicht loslässt.

Auf einen Blick

Ursprungsland Großbritannien

Entstehungszeit 19. Jahrhundert

Ursprüngliche Verwendung Hundekämpfe, Begleithund

Heutige Verwendung Begleithund

Lebenserwartung 11–13 Jahre

Synonym English Bull Terrier

Gewicht 24–28 kg

Widerristhöhe 53–56 cm

WEISS

REHBRAUN

ROT

DREIFARBIG

SCHWARZ-GESTROMT

GESCHICHTE DER RASSE Der Bullterrier wurde von James Hinks in Birmingham entwickelt. Er kreuzte die Bulldogge mit dem ausgestorbenen White English Terrier, um einen Hund zu schaffen, der bei Ausstellungen und Hundekämpfen sein Publikum begeisterte.

STAFFORDSHIRE-BULLTERRIER

Hier handelt es sich um eine gespaltene Hundepersönlichkeit, Dr. Jekyll und Mr. Hyde in der Hundewelt. Es gibt wohl keine andere Hunderasse, die liebevoller mit ihrer Familie, häufig auch mit Fremden, sogar mit Tierärzten, umgeht, als diese bewegte Masse aus starken Knochen und festen Muskeln. Der Bullterrier braucht Liebe und möchte von seiner Menschenfamilie angenommen werden. Wenn ihm jedoch ein anderer Hund – oder ein anderes Tier – begegnet, zeigt sich ein anderer Charakterzug: das Verlangen zu töten. Dieser Hang wurde durch Auswahlzucht verringert, aber nicht eliminiert. Die Rasse ist weltweit ausnehmend beliebt.

GESCHICHTE DER RASSE Diese gut bemuskelte und zärtliche Rasse, die aus Staffordshire, England, stammt, ist eine Kreuzung aus wilden, muskulösen Bullenbeißern und wendigen, schlanken lokalen Terrierschlägen. Sie wurde einst für Rattenbeißerwettbewerbe und Hundekämpfe gezüchtet.

Gut bemuskelte, parallel stehende Hinterläufe

Das glatte, kurze, eng anliegende Fell kann außer Loh, Leber und Schwarz fast jede andere Farbe haben

Auf einen Blick

Ursprungsland Großbritannien

Entstehungszeit 19. Jahrhundert

Ursprüngliche Verwendung Hundekämpfe, Rattenbeißen

Heutige Verwendung Begleithund

Lebenserwartung 11–12 Jahre

Gewicht 11–17 kg

Widerristhöhe 36–41 cm

Viele Farben

American Staffordshire Terrier

Dieser Terrier kann wie sein naher britischer Verwandter äußerst sanft und zärtlich mit Kindern umgehen und gleichzeitig für andere Hunde eine tödliche Gefahr darstellen. Alle Tiere dieser Rasse, besonders Rüden, müssen früh mit anderen Tieren sozialisiert werden, damit sie ihrem Aggressionstrieb nicht folgen. Die Hunde sind fast immer treue und gehorsame Familienmitglieder. Sie stammen jedoch von Bullenbeißern und Kampfhunden ab und ihre Kiefer haben noch immer die Kraft, um schreckliche Wunden zu verursachen. Die Ohren dürfen heute nicht mehr kupiert werden.

Geschichte der Rasse

Ursprünglich mit dem British Staffordshire Bullterrier identisch, wurde das amerikanische Gegenstück stämmiger, größer und schwerer gezüchtet (seit 1936 als eigene Rasse geführt).

ALLE FARBEN

Auf einen Blick

Ursprungsland USA

Entstehungszeit 19. Jahrhundert

Ursprüngliche Verwendung
Bullenbeißer

Heutige Verwendung
Begleithund

Lebenserwartung 12 Jahre

Gewicht 18–23 kg

Widerristhöhe 43–48 cm

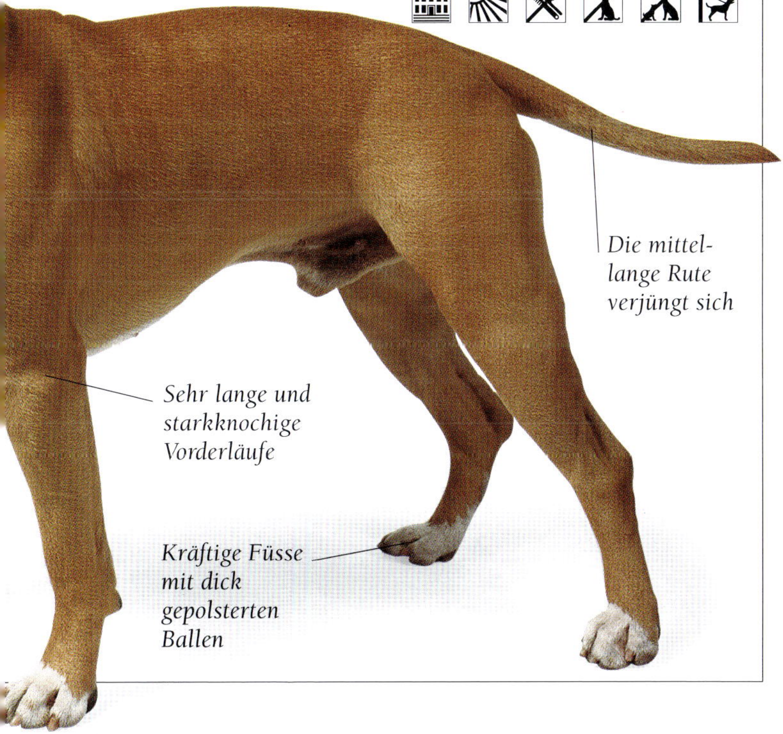

BOSTON-TERRIER

Der gesittete, kluge Hund aus Neuengland ist in Nordamerika seit langem als lebhafter, unterhaltsamer, aktiver und ausdauernder Begleithund beliebt. Er heißt, zwar Terrier, verhält sich aber äußerst gesittet und neigt nicht dazu – terriertypisch – ständig Chaos anzurichten. Statt dessen sucht er die Gesellschaft des Menschen. Rüden greifen aber andere Hunde, die in ihr Revier eindringen wollen, heftig an. Durch den verhältnismäßig großem Kopf ist mitunter ein Kaiserschnitt nötig, um Welpen auf die Welt zu bringen. Züchter haben die Kopfgröße reduziert, dabei aber das einzigartige, leicht schrullige Aussehen erhalten.

AUF EINEN BLICK

URSPRUNGSLAND USA

ENTSTEHUNGSZEIT 19. Jahrhundert

URSPRÜNGLICHE VERWENDUNG
Rattenbeißer, Begleithund

HEUTIGE VERWENDUNG
Begleithund

LEBENSERWARTUNG 13 Jahre

SYNONYM Boston Bull

GEWICHT 4,5–11,5 kg

WIDERRISTHÖHE 38–43 cm

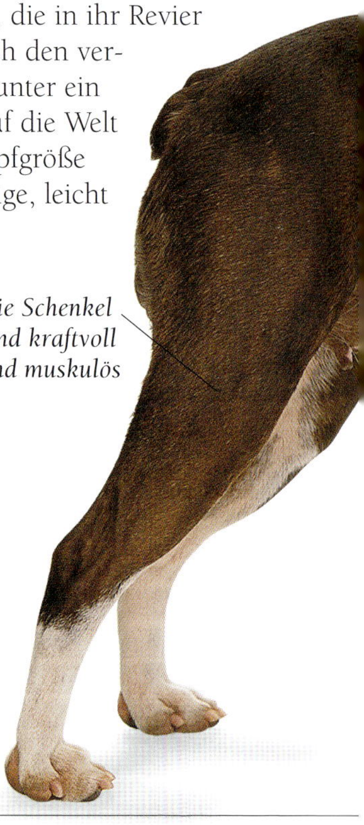

Die Schenkel sind kraftvoll und muskulös

GESCHICHTE DER RASSE Diese Kreuzung aus Englischer Bulldoge, Bullterrier, Boxer und dem ausgestorbenen White Terrier, wog erst über 20 kg, wurde dann kleiner gezüchtet.

ROT-GESTROMT

SCHWARZ-GESTROMT

American Toy Terrier

Dieser robuste, kleine Terrier hat sich das Temperament seiner Foxterrier-Vorfahren bewahrt. Er ist zäh und klug, aber eigensinnig. Er kann auf dem Bauernhof oder in der Stadt leben. Der American Toy ist ein tüchtiger Rattenjäger. Seine Menschenfamilie unterhält er mit seiner Energie und seinem jugendlichen Übermut. Er kann für taube Menschen das »Gehör« sein – er kann lernen, sie zu Geräuschquellen (Telefon) zu bringen.

Auf einen Blick

Ursprungsland USA

Entstehungszeit 1930er Jahre

Ursprüngliche Verwendung Rattenbeißer

Heutige Verwendung Begleithund

Lebenserwartung 13–14 Jahre

Synonyme Toy Fox Terrier, Amertoy, Amerikanischer Zwergterrier,

Gewicht 2–3 kg

Widerristhöhe 24,5–25,5 cm

Weiss/Loh

Dreifarbig

Schwarz/Weiss

Geschichte der Rasse Diese Rasse, 1936 anerkannt, entstand aus Kreuzungen zwischen zwergwüchsigen Glatthaar-Foxterriern mit English Toy Terriern und Chihuahuas.

ZWERGPINSCHER

Der Zwergpinscher ähnelt verblüffend dem English Toy Terrier, dabei hat man ihn aus völlig anderen Blutlinien erzüchtet. Das Zuchtziel war allerdings derselbe: ein Hund für die Jagd auf Nagetiere. Der Winzling sieht zwar wie ein Mini-Dobermann aus, hat aber mit dieser Rasse – bis auf das Ursprungsland – nichts gemeinsam. Außerdem existierten die Zwergpinscher schon zweihundert Jahre früher. Heute wird dieser kleine Pinscher (Englisch *pinch*, kneifen) ausschließlich als Begleithund gehalten, doch er besitzt seine Fähigkeiten als Rattenjäger noch. Trotz seiner Kleinheit bedroht er mit wahrer Begeisterung Hunde, die zehnmal größer sind als er. Seine Devise lautet: Erst mal ordentlich zuschnappen und dann nachfragen, ob man »gut Freund« ist.

AUF EINEN BLICK

URSPRUNGSLAND Deutschland

ENTSTEHUNGSZEIT 18. Jahrhundert

URSPRÜNGLICHE VERWENDUNG Rattenbeißer

HEUTIGE VERWENDUNG Begleithund

LEBENSERWARTUNG 13–14 Jahre

SYNONYM Rehpinscher (vor allem die rote Farbspielart)

GEWICHT 4–5 kg

WIDERRISTHÖHE 25–30 cm

Die Rute wurde kupiert – dies ist in vielen Ländern verboten

Der Hund stellt die Hinterläufe weit auseinander

Geschichte der Rasse Der Zwergpinscher, der vor Hunderten von Jahren aus dem Deutschen Pinscher entstand, war zunächst ein tüchtiger Rattenbeißer. Sein heutiges verfeinertes Aussehen ist das Ergebnis von Auswahlzucht.

Rot

Blau

Schokoladenbraun

Schwärzlich

Deutscher Pinscher

Der Deutsche Pinscher mit seinem attraktiven Aussehen und seiner Mittelgröße ist ein ideale Begleithund. Er zeigt sich lebhaft, klug und vielseitig. Und er bewährt sich als ein guter, sofort anschlagender Wachhund. Er ist leicht zu Gehorsam zu erziehen. Vor Kämpfen mit anderen Hunden schreckt er nicht zurück, daher braucht er eine ziemlich feste Hand.

REHBRAUN

DUNKEL-BRAUN

SCHWARZ/LOH

Mittelgroße, dunkle, ovale Augen

Das Kupieren der Rute kann zu einer Kreuzbeinarthritis führen (Kupieren ist ohnehin verboten)

Geschichte der Rasse Dieser große Terrier entstand als traditioneller Vielzweckhund auf Bauernhöfen. Er war Nagetierjäger, Hüte- und Wachhund. Er ist der Vorfahre des Zwergpinschers und spielte bei der Entwicklung des Dobermanns eine Rolle.

Auf einen Blick

Ursprungsland Deutschland

Entstehungszeit 18. Jahrhundert

Ursprüngliche Verwendung Schadtierjagd

Heutige Verwendung Begleithund

Lebenserwartung 12–14 Jahre

Synonyme Mittelschlagpinscher, Mittelpinscher, Standard-Pinscher

Gewich 11–16 kg

Widerristhöhe 41–48 cm

Affenpinscher

Die Ernsthaftigkeit, das Selbstwusstsein und der »Witz« dieses Hundes kann selbst griesgrämige Menschen zum Lachen bringen. Er gleicht eigentlich einer Comic-Figur, ist aber, wenn er die Gelegenheit dazu hat, immer noch ein hervorragender Rattenjäger. Auch Wachteln und Kaninchen spürt er erfolgreich auf. Da er eigensinnig und rechthaberisch ist, lernt er nur schwer Gehorsam – und er schnappt gern. Trotzdem gibt er einen lebhaften und amüsanten Begleiter ab. Heute sieht man die Rasse in Deutschland nur selten, die meisten Tiere leben in Nordamerika. Eine größere Variante des Affenpinschers verschwand um 1900.

Auf einen Blick

Ursprungsland Deutschland

Entstehungszeit 17. Jahrhundert

Ursprüngliche Verwendung Schadtierjagd

Heutige Verwendung Begleithund

Lebenserwartung 14–15 Jahre

Gewicht 3–3,5 kg

Widerristhöhe 25–30 cm

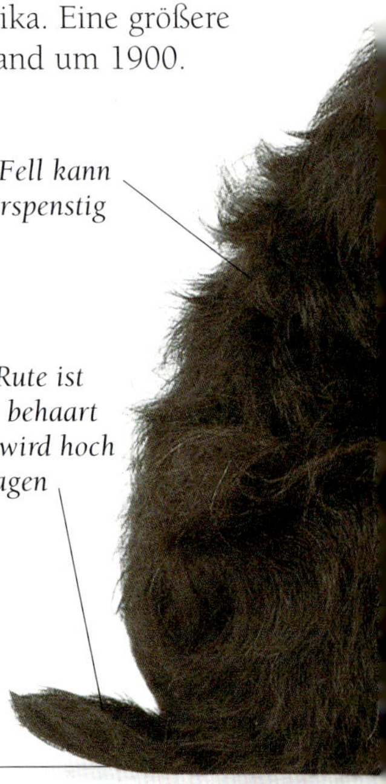

Geschichte der Rasse

Die Anatomie dieser Rasse lässt vermuten, dass sie sich aus einer Kreuzung zwischen kleinen lokalen Pinscherschlägen mit mopsartigen Hunden aus Asien entwickelte. Sie ist wohl Vorfahr des belgischen Griffons und ein Verwandter des Zwergschnauzers.

ZWERGSCHNAUZER

Der Zwergschnauzer ist weniger laut und frech als die britischen Terrierarten. Er gehört zu den beliebtesten Hunden in den Städten Nordamerikas. Die Rasse ist ruhig, nimmt die Gehorsamserziehung gut an, beißt und schnappt nicht. Der Hund versteht sich gut mit Kindern und anderen Hunden, und er ist glücklich, wenn er ins tägliche Familienleben voll integriert wird. Er bellt leidenschaftlich gern und erweist sich als ein hervorragender Wachhund. Obwohl er kaum haart, braucht er sorgfältige, regelmäßige Fellpflege. Leider hat seine große Beliebtheit zu vielen unkontrollierten Zuchten geführt, deshalb sind Erbkrankheiten weit verbreitet. Viele der »schlechten« Tiere haben schwache Nerven.

AUF EINEN BLICK

URSPRUNGSLAND Deutschland

ENTSTEHUNGSZEIT 15. Jahrhundert

URSPRÜNGLICHE VERWENDUNG Rattenjagd

HEUTIGE VERWENDUNG Begleithund

LEBENSERWARTUNG 14 Jahre

GEWICHT 6–7 kg

WIDERRISTHÖHE 30–36 cm

Die gut gewinkelten Hinterläufe sorgen für große Spurtkraft

Geschichte der Rasse Der Zwergschnauzer, eine fast perfekte Kopie von Riesen- und Mittelschnauzer, stammt von den gleichen Vorfahren ab, gekreuzt mit Affen- und Zwergpinscher. Die Behauptung, dass Pudel in der Entwicklung eine Rolle gespielt hätten, erscheint unwahrscheinlich.

SCHWARZ/ SILBER

PFEFFER-SALZ

SCHWARZ

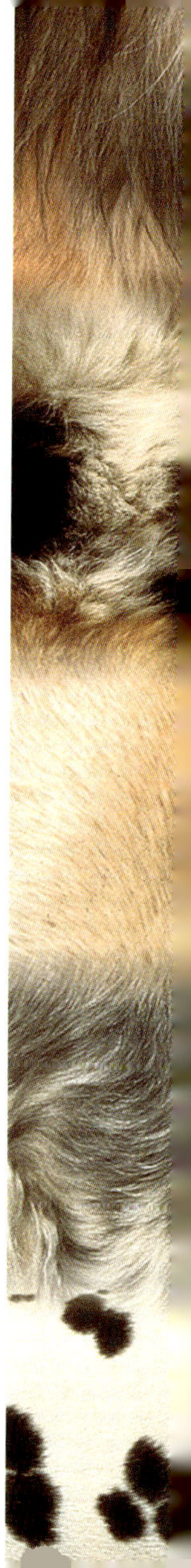

DACHSHUNDE

Der international gebräuchliche Name des Dachshundes, im Deutschen wird er meist Dackel oder Teckel genannt, verweist auf seinen ursprünglichen Zweck. In den letzten hundert Jahren wird er vor allem als »Erdhund« gezüchtet: Die Standardgröße verfolgt gern Dachse und Füchse in den Bau, die Zwergversion tut das gleiche bei Kaninchen. Ausstellungshunde haben eine tiefe Brust und kurze Läufe, während Arbeitshunde eine weniger stabile Brust und längere Beine haben. In Deutschland, wo diese robusten Hunde noch für die Jagd verwendet werden, klassifiziert man sie nach Brustumfang. Beim Kaninchenteckel beträgt der Brustumfang höchstens 30 cm, beim Zwergteckel von 31 bis 35 cm und beim Standard- oder Normalschlag über 35 cm. Alle Dachshunde stammen von Laufhunden ab, aber wegen ihrer nützlichen Rolle als Deutschlands tüchtigster Erdhund, wird diese Rasse mit zu den anderen Erdhunden – der Terriergruppe – gestellt. Heute leben die meisten Dackel – in stattlicher Zahl – als viel geliebte Hausgenossen in Familien.

GESCHICHTE DER RASSE Altägyptische Statuen zeigen einen Pharao mit drei kurzbeinigen Hunden. Vielleicht gehen die Vorfahren des Dachshundes bis auf diese Zwerghunde zurück. Der Kurzhaardackel ist wohl der älteste Dachshund.

Auf einen Blick

Ursprungsland Deutschland

Entstehungszeit 20. Jahrhundert

Ursprüngliche Verwendung
Dachsaustreiben

Heutige Verwendung
Begleithund

Lebenserwartung 14–17 Jahre

Gewicht
Zwergdackel 4–5 kg
Normalschlag 6,5–11,5 kg

Widerristhöhe Zwerg- und Normalschlag 13–25 cm

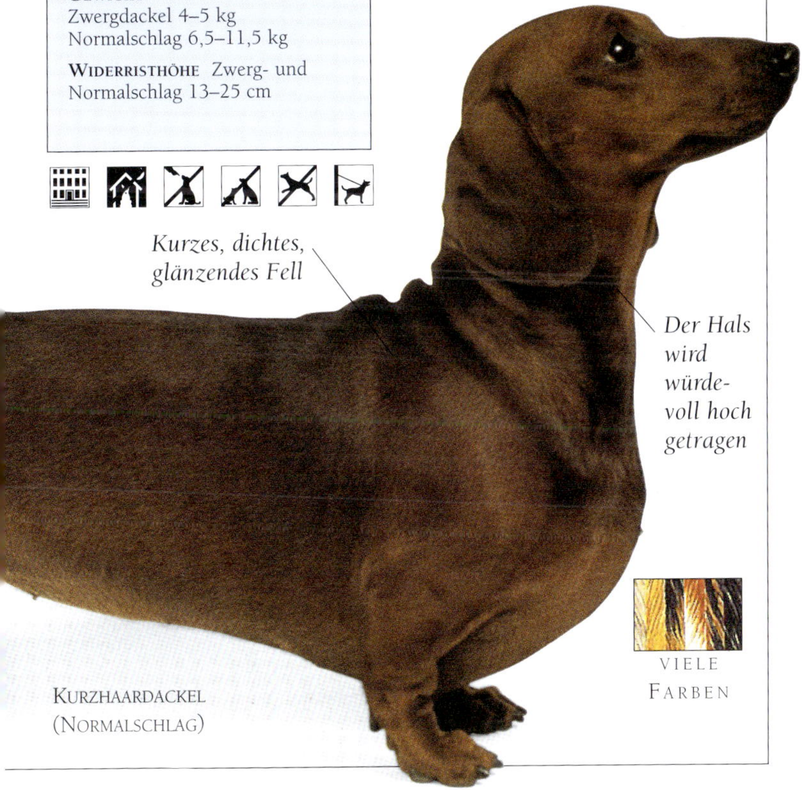

Kurzhaardackel (Normalschlag)

Viele Farben

Geschichte der Rasse Der Rauhaardackel entstand aus einer Kreuzung von Kurzhaardackeln mit rauhaarigen Pinschern. Er hat ein raues Fell und einen kleinen Kopf. Weitere Kreuzungen mit dem kurzbeinigen Dandie Dinmont Terrier vergrößerten und verlängerten den Kopf. Gleichzeitig wurde der angeborene »Blutdurst« des Dackels verringert.

Rauhaardackel (Zwergdackel)

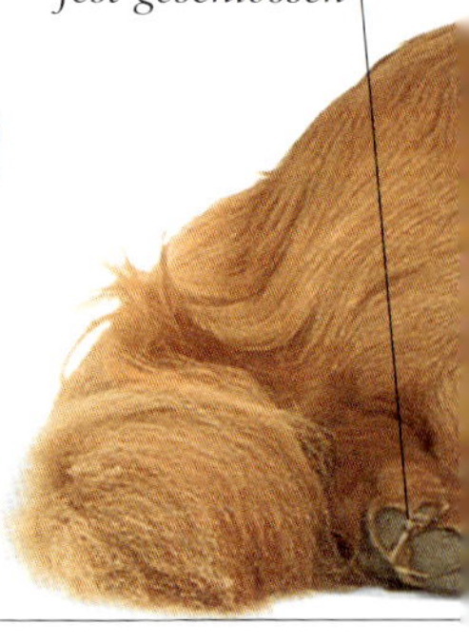

GESCHICHTE DER RASSE Der Langhaardackel entstand wahrscheinlich aus Kreuzungen von Kurzhaardackeln mit kurzläufigen Spaniels wie dem Sussex oder dem Field Spaniel. Bei der weiteren Zucht legte man vor allem auf Kleinheit Wert. Der Langhaardackel hat eine anhängliche und freundliche Persönlichkeit, darin ähnelt er dem Spaniel.

LANGHAARDACKEL (NORMALSCHLAG)

Český-Terrier

Das einzigartige Aussehen dieses Hundes machte ihn in seiner Heimat, Tschechien und der Slowakei, zu einem beliebten Hausgenossen. In den 1980er Jahren meinten die tschechischen und slowakischen Züchter, dass die Rasse sich zu weit von ihrer ursprünglichen Form und Funktion entfernt hätte. Sie kreuzten sie wieder mit dem Scalyham-Terrier. Der Hund besitzt alle Eigenschaften eines guten Erdhundes: Ausdauer, Mut und Stärke, um Tiere, die viel größer sind als er, zu überwältigen. Sein Fell erfordert regelmäßige Pflege und wie viele Terrier schnappt er gern. Ansonsten ist die Rasse klug, neugierig und liebenswert.

BLAU-GRAU

REHBRAUN

Die Rute wird in Ruhe hängend getragen

Das dunkle, wellige Haar der Läufe wird meist nicht geschoren

Auf einen Blick

Ursprungsland Tschechien

Entstehungszeit 1940er Jahre

Ursprüngliche Verwendung Erdjagd

Heutige Verwendung Begleit- und Jagdhund

Lebenserwartung 12–14 Jahre

Synonyme Tschechischer Terrier, Böhmischer Terrier

Gewicht 5,5–8 kg

Widerristhöhe 28–36 cm

Geschichte der Rasse Der Genetiker Dr. Horak kreuzte Sealyham und Scottish, vielleicht auch den Dandie Dinmont Terrier, weil er eine Rasse wollte wie den Deutschen Jagdterrier, aber mit kürzeren Läufen für die Arbeit unter der Erde.

Das Kopfhaar wird nicht geschoren, damit Bart und Brauen erhalten bleiben

GRIFFON BRUXELLOIS

Der Griffon Bruxellois ist der klassische »Euro-Hund«: eine Mischung aus Blutlinien verschiedener Regionen, die einen gutmütigen, lustigen, klugen und zuverlässigen Begleithund ergab. Die Namensgebung ist verwirrend: In einigen Ländern werden drei ähnliche Hunde als Griffon Belge geführt. In einigen anderen Ländern gilt jeder dieser Hunde als eigene Rasse mit speziellem Namen. Die Rasse war zwischen den Weltkriegen am beliebtesten. Heute wird sie von einem ihrer Vorfahren, dem Yorkshire-Terrier, ausgestochen. Nur in Belgien genießt sie große Popularität.

AUF EINEN BLICK

URSPRUNGSLAND Belgien

ENTSTEHUNGSZEIT 19. Jahrhundert

URSPRÜNGLICHE VERWENDUNG Schadtierjagd

HEUTIGE VERWENDUNG Begleithund

LEBENSERWARTUNG 12–14 Jahre

SYNONYM Griffon Belge

GEWICHT 2,5–5,5 kg

WIDERRISTHÖHE 18–20 cm

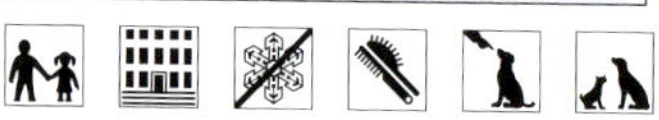

SCHWARZ/ LOH

SCHWARZ

Der kleine, schwarze Nasenspiegel sitzt tief zwischen den Augen

Der üppige rote Bart lässt das Gesicht fast weise erscheinen

Gut bemuskelte, starkknochige Vorderläufe

GESCHICHTE DER RASSE Wahrscheinliche Vorfahren des Griffon Bruxellois sind der holländische Smoushond, der deutsche Affenpinscher, der französische Barbet und der Yorkshire-Terrier.

Jagdhunde

Seit Jahrtausenden werden Jäger – ob bei der Nahrungsbeschaffung oder beim Sport – von Hunden mit scharfen Augen und ausgezeichnetem Geruchssinn begleitet. Nach der Einführung der Feuerwaffen legten die Züchter besonderen Wert auf Fellstruktur, Gliedmaßenlänge, Witterungsvermögen und Abrichtbarkeit. Heute gehören diese zuverlässigen Rassen zu den beliebtesten Begleithunden der Welt.

Zucht auf Gebrauchstüchtigkeit

Die Jagd mit Augen oder Nase, die Erdarbeit, das Bewachen und das Schwimmen sind alles natürliche Verhaltensweisen von Hunden und erfordern verhältnismäßig wenig Training. Wild aufzufinden, dann absolut still zu stehen oder zu sitzen oder auf Kommando ins kalte Wasser zu springen, um einen erlegten Vogel zu apportieren, sind Tätigkeiten, die instinktive Fähigkeiten und Lernbereitschaft verlangen. Im 18. und 19. Jahrhundert. wurden über 50 Jagdhundrassen gezüchtet. Man teilt Jagdhunde in fünf Gruppen ein: Wasserhunde, Vorstehhunde, Setter, Stöberer und Apportierer. Arbeiten im Wasser erfordert ein dichtes, wasserabweisendes Fell und natürlich die Leidenschaft fürs Schwimmen. Der Vorstehhund sucht leise nach der Beute, fängt sie aber nicht, sondern bleibt absolut still stehen, wobei er oft einen Vorderlauf anhebt und beugt, um zu zeigen. Ein Setter verfährt ähnlich, doch er setzt sich dabei.

Weimaraner

Vorstehhunde und Setter

Im 16. Jahrhundert. wurden spanische Vorstehhunde nach Großbritannien exportiert. Dort kreuzte man sie wohl mit Jagdhunden, um die Vorstehhunde zu entwickeln. Spanische Hunde spielten auch bei der Entstehung der britischen Setter eine Rolle. In Deutschland verschwanden die regionalen Vorstehhunde und Setter mit dem Niedergang des Jagdsports

Großer Münsterländer

nach der Revolution von 1848. Um 1890 entstanden dann die berühmten Weimaraner und Münsterländer.

Britische Spaniels und Retriever

Britische Züchter schufen Spaniels, die Vögel im Unterholz aufstöberten. Zunächst bezeichnete man sie als Land-, Feld- oder Wasserspaniels, nach ihrem bevorzugten Gelände. Später unterschied man Rassen wie Cocker- oder Springer-Spaniels. Wasserhunde aus Neufundland waren die Ahnen der Retriever, die eine Beute vorsichtig im Fang tragen und gern lernen und gehorchen. Heute sind Labrador and Golden Retriever beliebte Jagd- und Begleithunde und die besten Behindertenhunde.

Regionale Entwicklungen

Aus Dänemark stammt ein Vorstehhund, aus den Niederlanden einige schöne, kleine Apportierhunde, aus Ungarn der elegante Vizsla und aus Frankreich eine Vielzahl ausgezeichneter Jagdhunde. In jüngster Zeit interessiert man sich in Deutschland wieder für alte Jagdhundrassen, zum Beispiel den italienischen Spinone, während man in Spanien und der Slowakei eigene Rassen züchtet.

Bewundernswerte Eigenschaften

Jagdhunde sind im Allgemeinen leichter zu erziehen als jede andere Hundegruppe. Fast alle sind sie sehr kinderfreundlich, lassen sich kaum in Kämpfe mit Artgenossen verwickeln und befolgen Befehle willig.

Deutsch-Kurzhaar

PULI

Der kluge, gehorsame und wasserfeste Puli ist wohl der Vorfahre des Pudels. Bis ins 20. Jahrhundert züchteten ungarische Hirten ihn sorgfältig auf Gebrauchstüchtigkeit. Der Zweite Weltkrieg brachte die Zucht in Ungarn zum Erliegen, doch da war der Puli schon als Begleithund angenommen. Ungarische Emigranten brachten den Puli ins Ausland. Er ist anpassungsfähig, hütet gern Schafe und lässt sich ohne Weiteres zum Apportieren aus dem Wasser abrichten.

Die Ohren sind nicht sichtbar

Ein leicht rostfarbener Anflug ist nicht ungewöhnlich

Einige Schnüre wachsen bis zum Boden

AUF EINEN BLICK

Ursprungsland Ungarn

Entstehungszeit Mittelalter

Ursprüngliche Verwendung
Schafhüten

Heutige Verwendung
Begleit- und Apportierhund

Lebenserwartung 12–13 Jahre

GEWICHT 10–15 kg

WIDERRISTHÖHE 37–44 cm

GESCHICHTE DER RASSE Der Puli (Führer auf Ungarisch) kam wohl mit den Magyaren nach Ungarn. Die heutigen Pulis entstammen meist dem Zuchtprogramm des 19. Jahrhunderts.

PUDEL

Der Pudel ist nicht nur ein Modehund – er ist ein kluger, lernfähiger und zuverlässiger Begleit-, Wach- und Apportierhund. Die Rasse leidet unterdurchschnittlich häufig an Hautkrankheiten. Sie haart nicht. Der Standard-Pudel ist anhänglich, ruhig, gelassen und nicht so hysterisch wie seine kleinen Verwandten. Im Grund ist er ein Arbeitshund geblieben. Der französische Name, *Caniche* (Entenhund), beschreibt seine ursprüngliche Aufgabe – das Apportieren von Enten.

AUF EINEN BLICK

URSPRUNGSLAND Deutschland

ENTSTEHUNGSZEIT Mittelalter

URSPRÜNGLICHE VERWENDUNG Wasserjagd

HEUTIGE VERWENDUNG Begleit- und Schutzhund

LEBENSERWARTUNG 11–15 Jahre

GEWICHT 20,5–32 kg

WIDERRISTHÖHE 37,5–38,5 cm

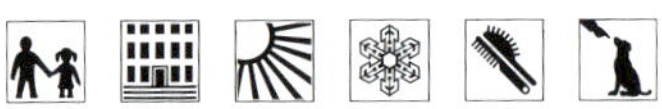

Die Haarquaste an der Rute verleiht beim Schwimmen Auftrieb

ALLE EINHEITLICHEN FARBEN

GESCHICHTE DER RASSE
Gemälde von großen Künstlern wie Albrecht Dürer zeigen, dass der Pudel ursprünglich ein Wasserhund war. Die heutige Art des Scherens geht auf historische Vorbilder zurück und soll den Wasserwiderstand verringern.

CÃO DE AGUA PORTUGUÊS

Diese alte Fischerhundrasse wurde eingesetzt, um Netze im Wasser zu ziehen, schwimmend eine Botschaft von Boot zu Boot zu bringen und an Land Kaninchen zu jagen. Die Rasse ist stark, treu und etwas misstrauisch. Sein Fell wurde ursprünglich auf eine bestimmte Art geschoren, damit er die Hinterläufe beim Schwimmen nicht nachzog und um seine Brust vor einem Kälteschock im Wasser zu schützen.

WEISS

BRAUN

SCHWARZ

SCHWARZ/WEISS

BRAUN/WEISS

Geschichte der Rasse Die Vorfahren der Rasse kamen entweder im 5. Jh. mit den Westgoten aus Mitteleuropa oder im 8. Jh. mit den Mauren aus Nordafrika nach Portugal.

Auf einen Blick

Ursprungsland Portugal

Entstehungszeit Mittelalter

Ursprüngliche Verwendung Arbeit mit Fischern

Heutige Verwendung Begleit-, Wach- und Apportierhund

Lebenserwartung 12–14 Jahre

Synonym Portugiesischer Wasserhund

Gewicht 16–25 kg

Widerristhöhe 43–57 cm

PERRO DE AGUAS

Dieser Rasse schenkten professionelle Züchtern nur wenig Aufmerksamkeit. Deshalb gibt es beträchtliche Unterschiede in Fellfarbe und Körpergröße. Außerdem sind Erbkrankheiten seltener als bei anderen Hunden, die selektiver gezüchtet werden. Obwohl es einzelne Tiere an der nordspanischen Küste gibt, leben die meisten im Süden und werden dort hauptsächlich zum Hüten von Ziegen und Apportieren von Enten eingesetzt. Der Perro de Aguas lernt leicht Gehorsam, ist nicht bissig, hat aber manchmal Schwierigkeiten mit Kindern.

Schwerer Haarschopf bedeckt die Augen

WEISS

KASTANIE

WEISS/BRAUN

SCHWARZ

AUF EINEN BLICK

URSPRUNGSLAND Spanien

ENTSTEHUNGSZEIT Mittelalter

URSPRÜNGLICHE VERWENDUNG Arbeit mit Fischern, Ziegenhüten, Jagd

HEUTIGE VERWENDUNG Begleit- und Jagdhund

LEBENSERWARTUNG 10–14 Jahre

SYNONYM Spanischer Wasserhund

GEWICHT 12–20 kg

WIDERRISTHÖHE 38–50 cm

Das Dauerfell bildet zottige Schnüre

Das Fell bleicht in der Sonne

Gut bemuskelte Hinterläufe geben beim Schwimmen Ausdauer

Pfoten mit Zwischenzehenhäuten

GESCHICHTE DER RASSE Diesen Verwandten des Portugiesischen Wasserhunds – und vielleicht des Pudels – kennt man außerhalb Spaniens kaum. Er dient als Hüte-, Jagd- und Wasserhund.

Irish Water Spaniel

Diese unverwechselbare Spanielrasse ist als einzige von drei Wasserspaniel-Varianten in Irland übrig geblieben. Das enorme Durchhaltevermögen, die ausgezeichneten Schwimmkünste, das fast wasserdichte Fell und die Muskelkraft machen diesen Spaniel zum idealen Apportierhund, vor allem in der Winterkälte in den irischen Flussmündungen. Obwohl er sanft, treu und aufmerksam ist, dazu ein hervorragender Jagdhund, hat er sich als Haushund nicht durchgesetzt. Er ist der ideale Begleiter beim Wandern.

Auf einen Blick

Ursprungsland Irland

Entstehungszeit 19. Jahrhundert

Ursprüngliche Verwendung Apportieren von Wassergeflügel

Heutige Verwendung Begleithund, Wasserjagd

Lebenserwartung 12–14 Jahre

Synonyme Irischer Wasserspaniel, Parti-coloured Setter

Gewicht 20–30 kg

Widerristhöhe 51–58 cm

Geschichte der Rasse Vielleicht haben portugiesische Fischer ihren Wasserhund mit nach Irland gebracht. Zu den Vorfahren könnte auch der Pudel gehören.

CURLY-COATED RETRIEVER

Der Curly-coat, ein klassischer Wasserhund, ist der seltenste Retriever, obwohl er früher in Großbritannien intensiv zur Wasserjagd verwendet wurde. Er hat ein Wasserhundfell, das aus harten, dichten, Wasser abweisenden Löckchen besteht. Gelegentlich tritt Hüftgelenksdysplasie auf, auch Entropium (Einwärtsstülpung des Augenlids) ist überdurchschnittlich häufig. Trotzdem ist es eine herrlich altmodische Rasse – ruhig und ausgeglichen, aber eifrig bei der Arbeit.

Geschichte der Rasse Dies ist die älteste britische Retrieverrasse, Beweise sprechen dafür, dass es sie bereits 1803 gab. Sie stammt vermutlich von zwei ausgestorbenen Rassen ab, dem English Water Spaniel und dem kleinen Neufundländer, den Kabeljaufischer nach Großbritannien brachten.

Auf einen Blick

Ursprungsland Großbritannien

Entstehungszeit 19. Jahrhundert

Ursprüngliche Verwendung Wasserjagd

Heutige Verwendung Jagd- und Begleithund

Lebenserwartung 12–13 Jahre

Gewicht 32–36 kg

Widerristhöhe 64–69 cm

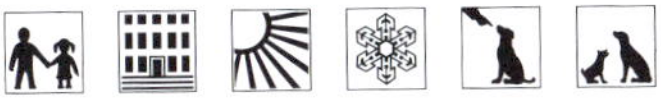

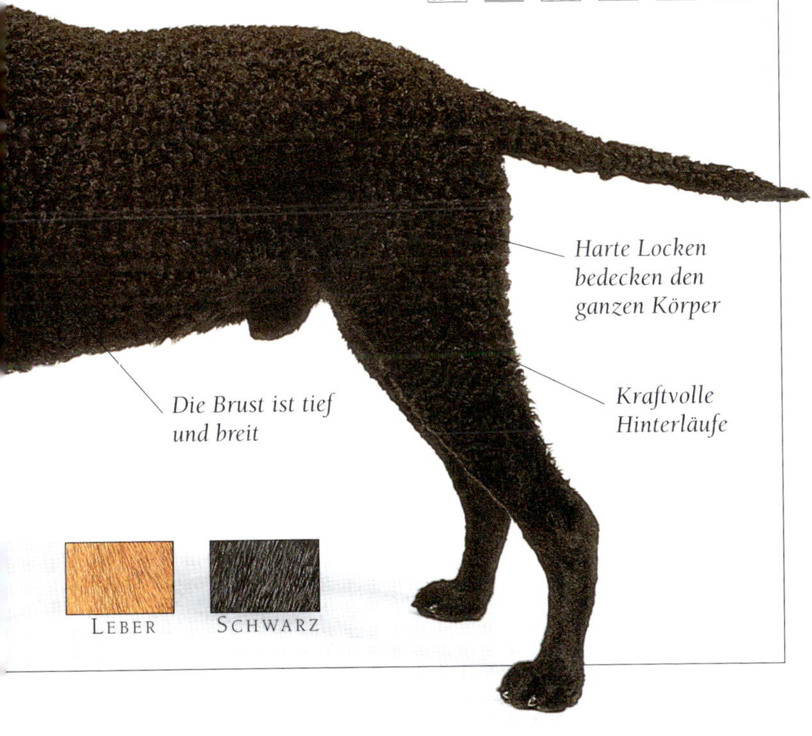

Leber Schwarz

FLAT-COATED RETRIEVER

Der geschmeidige Flat-coated Retriever, der in Großbritannien aus importierten Neufundländerstämmen gezüchtet wurde, war zu Beginn des 20. Jahrhunderts der Lieblingshund britischer Wildhüter. Mit dem Aufkommen der Labrador und Golden Retriever verschwand er in den 1940er Jahren fast vollkommen. Der schöne, fröhliche Hund, der als Jagdhund wieder modern ist, bewährt sich bestens als Stöber- und Apportierhund. Die Beliebtheit des geselligen, vielseitigen Hundes steigt, obwohl er sehr häufig an Knochenkrebs leidet.

Die dunklen, mittelgroßen Augen blicken aufmerksam

AUF EINEN BLICK

URSPRUNGSLAND Großbritannien

ENTSTEHUNGSZEIT 19. Jahrhundert

URSPRÜNGLICHE VERWENDUNG Apportieren von Wild

HEUTIGE VERWENDUNG Begleit- und Jagdhund

LEBENSERWARTUNG 12–14 Jahre

GEWICHT 25–35 kg

WIDERRISTHÖHE 56–61 cm

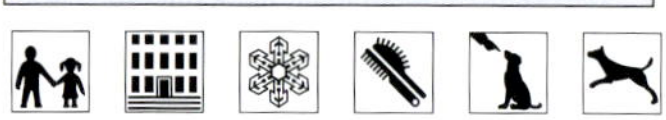

Die kurze, flache Rute ist mäßig befedert

Geschichte der Rasse

Kreuzungen zwischen dem Neufundländer und dem ausgestorbenen kleineren Arbeitshund aus dem Gebiet von St. John in Kanada führten zum Wavy-coated Retriever. Weitere Kreuzungen mit Settern ergaben den Flat-coated Retriever.

LEBER

SCHWARZ

LABRADOR-RETRIEVER

Wasserfest, wasserliebend, freundlich, gesellig familienbezogen – eine lange Reihe von positiven Eigenschaften beschreibt den weltweit beliebtesten Familienhund. Der Labrador-Retriever arbeitete einst vor den Küsten der felsigen Buchten Neufundlands in Kanada, wo er die Korkschwimmer der Fischernetze apportierte, damit die Fischer den Fang einholen konnten. Heute ist diese ausdauernde Rasse der Inbegriff des angenehmen vierbeinigen Familienmitglieds. Leider gibt es viele Tiere, die ihrem guten Image nicht gerecht werden. Einige leiden an erblichem Grauen Star, an Hüft- oder Ellenbogenarthritis und sogar an Charakterfehlern. Trotzdem ist der Labrador-Retriever eine der treuesten und anhänglichsten Rassen der Welt.

AUF EINEN BLICK

URSPRUNGSLAND Großbritannien

ENTSTEHUNGSZEIT 19. Jahrhundert

URSPRÜNGLICHE VERWENDUNG Jagdhund

HEUTIGE VERWENDUNG Begleit-, Jagd- und Diensthund

LEBENSERWARTUNG 12–14 Jahre

GEWICHT 25–34 kg

WIDERRISTHÖHE 54–57 cm

GELB

MITTEL-BRAUN

SCHWARZ

GESCHICHTE DER RASSE Der Labrador-Retriever, eine der beliebtesten Rassen der Welt, hat seine Ursprünge im Gebiet von St. John's im kanadischen Neufundland. Dort kannte man ihn als »Kleinen Wasserhund«, um ihn vom größeren Neufundländer zu unterscheiden.

Durch den Fischhandel kam die Rasse nach Poole in Dorset. Ortsansässige Grundbesitzer erwarben einige Tiere und züchteten einen tüchtigen Jagdhund daraus.

GOLDEN RETRIEVER

Der Golden Retriever ist lässig und klug, ruhig und wach, sensibel und heiter, dadurch ist er in vielerlei Hinsicht der ideale Familienhund. Diese liebebedürftige, vielseitige und gelehrige Rasse ist in Nordamerika, Skandinavien und Deutschland sogar beliebter als in ihrer Heimat Großbritannien. Der Hund wurde gezüchtet, um Wasservögel zu apportieren. Er schnappt oder beißt nur selten – besonders geduldig ist er mit Kindern. Verschiedene Zuchtlinien entstanden: Eine Zuchtlinie wird bei der Jagd eingesetzt, eine andere bei Geländewettbewerben, die größte Gruppe sind Ausstellungs- und Familienhunde. Eine vierte Zuchtlinie schuf Tiere, die ausschließlich als Blinden- und Behindertenhunde ausgebildet werden. Die Beliebtheit führte zu schlechten Zuchten und damit bei manchen Tieren zu Erbkrankheiten, wie Augenleiden, und sogar Bissigkeit.

GESCHICHTE DER RASSE Aufzeichnungen zeigen, dass die Rasse im späten 19. Jahrhundert durch die Kreuzung eines hellen Flat-coated Retriever mit dem ausgestorbenen Tweed Water Spaniel entstand. Sie wurde 1908 erstmals ausgestellt.

Auf einen Blick

Ursprungsland Großbritannien

Entstehungszeit 19. Jahrhundert

Ursprüngliche Verwendung Apportieren von Wild

Heutige Verwendung Begleit-, Jagd- und Behindertenhund

Lebenserwartung 13–15 Jahre

Gewicht 27–36 kg

Widerristhöhe 51–61cm

Creme

Gold

Nova Scotia Duck Tolling Retriever

Die ungewöhnliche Aufgabe dieses Hundes ist es, Enten und Gänse vor die Flinte zu locken und sie, nachdem sie getroffen sind, aus dem Wasser zu apportieren. Der Jäger wirft aus seinem Versteck mehrmals einen Stock parallel zum Ufer, den der Hund leise apportiert. Wenn Enten oder Gänse, durch die Bewegung angelockt, in Schussweite kommen, ruft der Jäger seinen Hund ins Versteck, steht auf, die Vögel fliehen und er schießt. Dann tritt der Hund als Apportierer in Aktion.

Der Kopf ist trocken und leicht keilförmig

Die tiefe Brust ist gut isoliert fürs Schwimmen im kalten Wasser

Das dichte Fell gibt es in verschiedenen Rot- und Orangetönen

Auf einen Blick

Ursprungsland Kanada

Entstehungszeit 19. Jahrhundert

Ursprüngliche Verwendung Aufstöbern von Wassergeflügel, Apportieren

Heutige Verwendung Jagd- und Begleithund

Lebenserwartung 12–14 Jahre

Synonyme Little River Duck Dog, Yarmouth Toller

Gewicht 17–23 kg

Widerristhöhe 43–53 cm

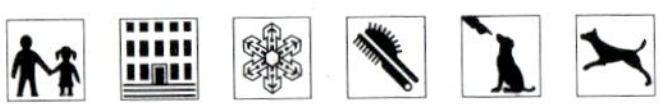

Geschichte der Rasse Es ist wahrscheinlich, dass Red Decoy Dogs ihre Herren von Großbritannien nach Nova Scotia in Kanada begleiteten. Sie wurden mit Retrievern und Jagdspaniels gekreuzt, die Rasse wurde 1945 anerkannt.

Die dreieckigen Ohren sind hoch und hinten angesetzt

Kräftiger, kompakter, gut bemuskelter Rumpf auf stämmigen Läufen

KOOIKERHOND

Der historische Kooikerhond verhielt sich sehr ähnlich wie der ausgestorbene englische Red Decoy Dog. Mit seinen Kapriolen und der buschigen weißen Rute lockte er Enten und Gänse in Netze oder in Schussweite. Die Hunde werden noch immer zum Anlocken von Enten verwendet, doch heute nur zwecks Beringung der Tiere. Nach dem Zweiten Weltkrieg gab es nur noch 25 dieser schönen, aktiven Hunde. Sie sind die Ahnen der etwa 500 Welpen, die jedes Jahr registriert werden. Aufgrund des kleinen Genpools treten Erbkrankheiten auf. Trotzdem ist diese freundliche, gutmütige Rasse ein angenehmer Begleithund.

AUF EINEN BLICK

URSPRUNGSLAND Niederlande

ENTSTEHUNGSZEIT 18. Jahrhundert

URSPRÜNGLICHE VERWENDUNG Anlocken und Apportieren von Wassergeflügel

HEUTIGE VERWENDUNG Begleit- und Jagdhund

LEBENSERWARTUNG 12–13 Jahre

GEWICHT 9–11 kg

WIDERRISTHÖHE 35–41 cm

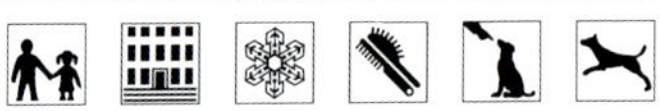

Der Rumpf ist fast so hoch wie lang

Schweres üppiges Deckhaar verbirgt die isolierenden Daunen

Geschichte der Rasse Sie stammt aus der Zeit Wilhelms von Oranien, verschwand fast und wurde zwischen den Weltkriegen von der Baroness v. Hardenbroek van Ammerstool neu erzüchtet.

Die Ohren tragen feines schwarzes Haar

Die mäßig tiefe Brust ist von schützendem, Wasser abweisendem Fell bedeckt

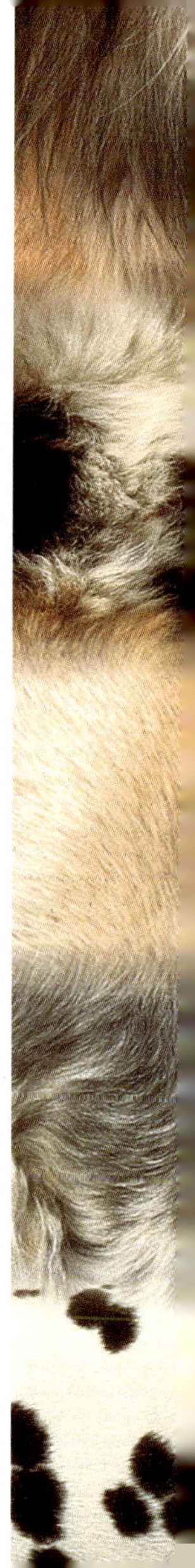

CHESAPEAKE BAY RETRIEVER

Obwohl der Chesapeake Bay Retriever vielleicht auf die kleinen Wasserhunde Neufeundlands zurückgeht, ähnelt er in Form und Funktion stark dem Curly-coated Retriever. Dieser Arbeitshund apportiert unermüdlich Wild und ist robuster als der Labrador Retriever – mit einer ausgeprägteren Persönlichkeit. Wie andere Retriever ist er kinderlieb und freundlich zu Fremden. Dieser treue Begleiter fühlt sich auf dem Land am wohlsten.

Das dicke kurze Haar ist wellig, nicht lockig

AUF EINEN BLICK

URSPRUNGSLAND USA

ENTSTEHUNGSZEIT 20. Jahrhundert

URSPRÜNGLICHE VERWENDUNG Apportieren von Wasservögeln

HEUTIGE VERWENDUNG Begleit- und Jagdhund

LEBENSERWARTUNG 12–13 Jahre

GEWICHT 25–34 kg

WIDERRISTHÖHE 53–66 cm

STROH

ROTGOLD

BRAUN

GESCHICHTE DER RASSE Man erzählt, dass diese Rasse von zwei kleinwüchsigen Neufundländer-Welpen abstammt, die einem George Law von einem britischen Hauptmann gegeben wurden. Daraus entstand der Chesapeake Bay Retriever.

Die hoch angesetzten kleinen Ohren hängen locker herab

Weit auseinander stehende, fragende Augen

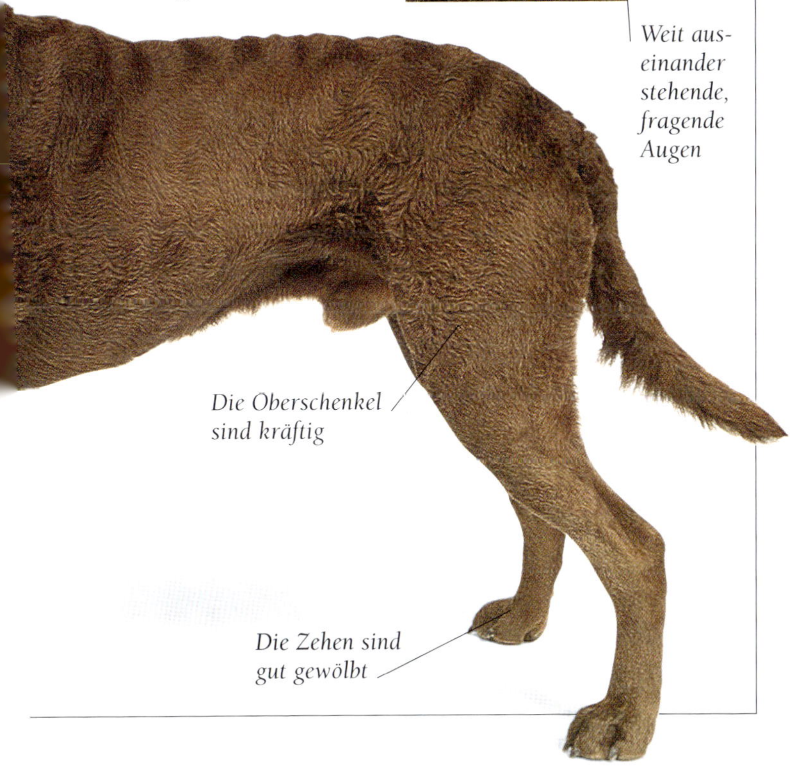

Die Oberschenkel sind kräftig

Die Zehen sind gut gewölbt

AMERICAN WATER SPANIEL

Diese lebhafte Rasse, Staatshund von Wisconsin im Mittleren Westen der USA, wird ähnlich eingesetzt wie der English Springer Spaniel, der Épagneul Breton und der Nova Scotia Duck Tolling Retriever. Er treibt das Wild aus dem Wasser und apportiert es mit seinem weichen Retriever-Fang. Der schlanke, leichte Körper erlaubt es dem Hund, den Jäger im Kanu zu begleiten, um in kalten Sumpfgewässern zu arbeiten. Obwohl Fotos aus den 1850er Jahren ähnliche Hunde zeigen, wurde die Rasse in ihrer heutigen Form in den 1920er Jahren von Dr. F.J. Pfeifer aus Wisconsin entwickelt.

Auf einen Blick

Ursprungsland USA

Entstehungszeit 19. Jahrhundert

Ursprüngliche Verwendung Entenjagd

Heutige Verwendung Entenjagd

Lebenserwartung 12 Jahre

Gewicht 11–20 kg

Widerristhöhe 36–46 cm

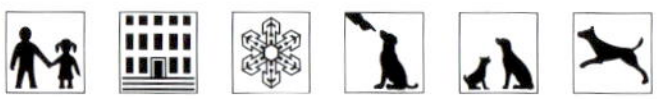

Geschichte der Rasse Diese Rasse stammt wohl, wenigstens teilweise, vom Irish Water Spaniel ab. Der Curly-coated Retriever und der Field Spaniel waren vielleicht auch beteiligt. Die Rasse wurde erstmalig 1940 registriert.

Leber

Schokoladenbraun

ENGLISH SPRINGER SPANIEL

Der English Springer Spaniel, ein Jagdhund mit großer Ausdauer, braucht körperliche Betätigung, ob beim Aufstöbern von Wild oder beim Apportieren von Tennisbällen. Wenn der kräftige Hund nicht ständig beschäftigt wird, wird er destruktiv. Er ist heute Großbritanniens beliebtester Jagdspaniel, obwohl man die Begabung zur Federwildjagd zuerst in den USA schätzte. Er ist ein ausgezeichneter Begleithund, seine Jagdeigenschaften bleiben auch in der Stadt erhalten.

AUF EINEN BLICK

URSPRUNGSLAND Großbritannien

ENTSTEHUNGSZEIT 17. Jahrhundert

URSPRÜNGLICHE VERWENDUNG Aufstöbern und Apportieren von Wild

HEUTIGE VERWENDUNG Begleit- und Jagdhund

LEBENSERWARTUNG 12–14 Jahre

GEWICHT 22–24 kg

WIDERRISTHÖHE 48–51 cm

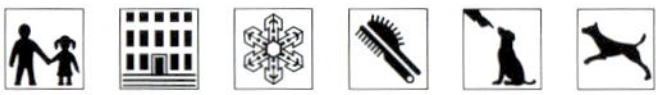

Geschichte der Rasse Diese Rasse, vielleicht der Ausgangspunkt aller Jagdspaniels, ist ab der Mitte des 17. Jahrhunderts auf Gemälden abgebildet. Erst im späten 19. Jahrhundert wurden Springer- und Cocker-Spaniels als getrennte Rassen betrachtet.

Die lappenförmigen Ohren sind dicht behaart und in Augenhöhe angesetzt

Das gerade Fell ist fest, nicht derb

Beine mit langen Haaren befedert

Schwarz/Weiss

Leber/Weiss

Welsh Springer Spaniel

Der vielseitige Welsh Springer Spaniel, ein arbeitsamer, wasserliebender und ausdauernder Hund, ist ein ausgezeichneter Begleit- und Jagdhund. Er wurde auch zum Viehtreiben und Schafehüten verwendet. Er brilliert im Aufscheuchen (durch »Springen«) von Federwild. Anders als beim English Springer gibt es keine getrennten Zuchtlinien für Jagd- und Ausstellungshunde, obwohl er in beiden Bereichen beliebt ist. Er lernt leicht Gehorsam.

Das dicke, seidige Deckhaar ist glatt, nie lockig

Der gerade Fang ist fast kantig

Dunkle, mittelgroße Augen

Die Ohren sind kleiner als beim English Springer

Der lange, muskulöse Hals geht in die abfallenden Schultern uber

Geschichte der Rasse

Diese Rasse, im 17. Jahrhundert erstmals abgebildet, stellte man früher zusammen mit dem Welsh Cocker aus.

Sie wurde 1902 als Rasse anerkannt.

Auf einen Blick

Ursprungsland Großbritannien

Entstehungszeit 17. Jahrhundert

Ursprüngliche Verwendung Apportieren/Aufscheuchen von Wild

Heutige Verwendung Begleit- und Jagdhund

Lebenserwartung 12–14 Jahre

Gewicht 16–20 kg

Widerristhöhe 46–48 cm

ENGLISCHER COCKER-SPANIEL

Der Englische Cocker ist ein tüchtiger Gebrauchs- und ein beliebter Familienhund in Ost- und Westeuropa sowie den Ländern des Britischen Commonwealth. Leider teilt er mit seinem amerikanischen Verwandten eine Reihe von Erbkrankheiten wie Augen-, Haut- und Nierenleiden, außerdem Verhaltensprobleme. Deshalb sollte man sich vor dem Kauf eines Cocker-Spaniels über die »Familiengeschichte« informieren. Er wird vorwiegend als Begleithund gezüchtet, bewährt sich aber auch bei Geländewettbewerben.

Leicht welliges Fell mit dichter, schützender Unterwolle

Lange, seidige Haare an den Ohren

VIELE FARBEN

Auf einen Blick

Ursprungsland Großbritannien

Entstehungszeit 19. Jahrhundert

Ursprüngliche Verwendung Apportieren von kleinem Wild

Heutige Verwendung Begleithund

Lebenserwartung 13–14 Jahre

Synonym Cocker

Gewicht 13–15 kg

Widerristhöhe 38–41 cm

Geschichte der Rasse Um 1800 teilte man die Landspaniels in »Starters« (Aufscheuchen) und »Cockers« (Apportieren) ein. Der Englische Cocker stammt von Hunden aus Wales und Südwestengland ab.

Amerikanischer Cocker-Spaniel

Er ist die beliebteste amerikanische Rasse überhaupt. Dieser anhängliche Hund stammt vom Englischen Cocker Spaniel ab, der als Jagdhund zum Einsatz kommt. Man hat versucht, mit dem Amerikanischen Cocker zu arbeiten, zumal er noch Jagdinstinkte besitzt. Seine große Fangemeinde schätzt ihn jedoch mehr als liebenswürdigen Hausgenossen. Seine Schönheit schätzt man in ganz Amerika und in Japan. Die Rasse hat einige Gesundheitsprobleme, doch ihr charmantes Wesen lässt körperliche Fehler vergessen.

Das dichte feine Fell muss täglich gepflegt werden, um nicht zu verfilzen

Auf einen Blick

Ursprungsland USA

Entstehungszeit 19. Jahrhundert

Ursprüngliche Verwendung Apportieren von Niederwild

Heutige Verwendung Begleithund

Lebenserwartung 13–14 Jahre

Gewicht 11–13 kg

Widerristhöhe 36–38 cm

Geschichte der Rasse Der erste Spaniel soll 1620 mit den Pilgervätern auf der *Mayflower* in die USA gekommen sein. Früher galten alle Spaniels als eine Rasse, doch der Amerikanische Cocker wurde auf gewisse Merkmale gezüchtet und 1946 als Rasse anerkannt.

Viele Farben

Field-Spaniel

Wie beim Amerikanischen Cocker-Spaniel änderte sich das Aussehen dieser Rasse völlig, nachdem sie getrennt von ihrem Vorfahren, dem Englischen Cocker-Spaniel, anerkannt worden war. Im frühen 20. Jahrhundert legten die Züchter besonderen Wert auf einen langen Rücken und möglichst kurze, starkknochige Läufe. Als Folge davon verlor der Field-Spaniel leider seine Jagdeigenschaften. In den 1960er Jahren kreuzte man Englische Cocker und Springer-Spaniels ein und schuf so den heutigen anhänglichen Hund.

LEBER

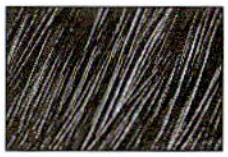
SCHWARZ

HIRSCH-ROT

Geschichte der Rasse

Der Field-Spaniel, ursprünglich als Varietät des Cocker-Spaniels geführt, erhielt die Anerkennung zu Ausstellungen 1892. Durch die nur auf Ausstellungen ausgerichtete Zucht verkümmerten seine Jagdeigenschaften. 1945 war er fast ausgestorben, doch bis 1969 gab es wieder einen ausreichenden Bestand.

Auf einen Blick

Ursprungsland Großbritannien

Entstehungszeit 19. Jahrhundert

Ursprüngliche Verwendung
Apportieren von Wild

Heutige Verwendung
Begleithund

Lebenserwartung 12–13 Jahre

Gewicht 16–23 kg

Widerristhöhe 51–58 cm

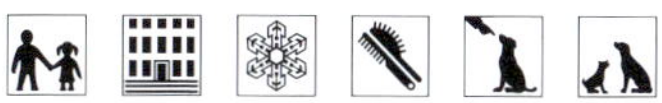

SUSSEX-SPANIEL

Der schwere und kompakte Sussex-Spaniel mit dicker Haut und tief angesetzten Ohren könnte aus Hunden hervorgegangen sein, die für die Arbeit in schwierigem Gelände gezüchtet worden waren. Der tüchtige Gebrauchshund bellt und heult beim Verfolgen einer Fährte. Aus den Variationen im Ton kann ein erfahrener Jäger erkennen, welches Wild er verfolgt. Der Hund trägt ein üppiges, leberbraunes Fell. Wegen des dunklen dichten Fells ist die Rasse nicht für heißes, feuchtes Klima geeignet. Auswahlzucht hat zu hängenden Unterlidern und Unterlefzen geführt, die infektionsanfällig sind.

Auf einen Blick

Ursprungsland Großbritannien

Entstehungszeit 19. Jahrhundert

Ursprüngliche Verwendung Stöberhund

Heutige Verwendung Begleithund

Lebenserwartung 12–13 Jahre

Gewicht 18–23 kg

Widerristhöhe 38–41 cm

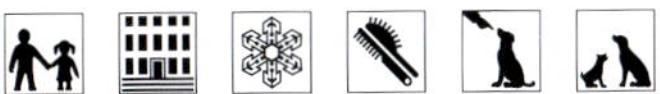

Geschichte der Rasse Seine engsten Verwandten wurden für die Jagd im dichten Unterholz gezüchtet, aber der kräftig gefärbte Sussex-Spaniel wurde vermutlich von einem Züchter aus der Grafschaft Sussex als Begleit- und Gebrauchshund entwickelt. In Nordamerika gibt es nur einige Tiere, doch auch in ihrer Heimatgrafschaft in England ist die Rasse selten.

Der Rücken ist lang und in Breite und Tiefe muskulös

CLUMBER-SPANIEL

Man sagt, dass die Vorfahren des Clumber-Spaniels dem Duc de Noailles gehört hätten und dass sie bei der Jagd zum Treiben und Apportieren eingesetzt wurden. Zur Zeit der Revolution schickte der Duc sicherheitshalber ein paar seiner Hunde zum Duke of Newcastle. Bei der Jagd arbeiten Clumbers im Team, methodisch und gemächlich treiben sie das Wild den Jägern zu. Heute spüren die meisten Hunde dieser Rasse in Hausgärten Insekten und welkes Laub auf. Obwohl der Clumber ein friedlicher Hund ist, kann Langeweile ihn zerstörerisch werden lassen.

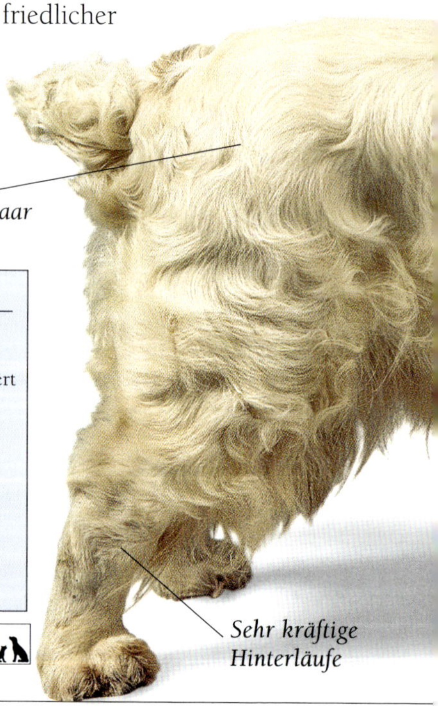

AUF EINEN BLICK

URSPRUNGSLAND Großbritannien

ENTSTEHUNGSZEIT 19. Jahrhundert

URSPRÜNGLICHE VERWENDUNG Stöber- und Apportierhund

HEUTIGE VERWENDUNG Begleit- und Stöberhund

LEBENSERWARTUNG 12–13 Jahre

GEWICHT 29–36 kg

WIDERRISTHÖHE 48–51 cm

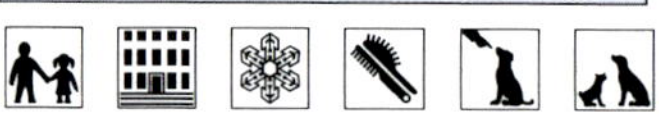

Geschichte der Rasse Die Rasse hat ihren Namen nach Clumber Park, dem Wohnsitz des Duke of Newcastle in Nottinghamshire. Zu den Vorfahren könnten der Basset wegen des langen Rückens und der Bernhardiner wegen des massigen Kopfes gehören.

ÉPAGNEUL BRETON

Dieser großartige, mittelgroße Hund ist die beliebteste heimische Rasse Frankreichs und der treuste Begleiter von Jägern in Kanada und den USA. Er ist ein ausgezeichneter Vorsteh- und Stöberhund und wird zum Leidwesen seiner Bewunderer noch oft als Spaniel bezeichnet. Von der Größe her ähnelt er dem Spaniel, doch der Funktion nach ist er ein klassischer Vorstehhund, wohl der einzige mit Stummelschwanz. Im Aussehen nicht gerade der Schönste ist der Épagneul Breton ein zuverlässiger und äußerst gehorsamer Begleithund.

AUF EINEN BLICK

URSPRUNGSLAND Frankreich

ENTSTEHUNGSZEIT 18. Jahrhundert

URSPRÜNGLICHE VERWENDUNG Apportierhund

HEUTIGE VERWENDUNG Apportier- und Begleithund

LEBENSERWARTUNG 13–14 Jahre

SYNONYME Bretonen-Spaniel, Brittany Spaniel

GEWICHT 13–15 kg

WIDERRISTHÖHE 46–52 cm

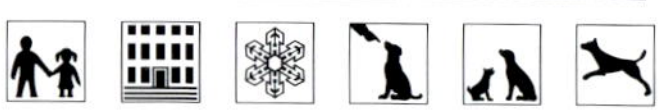

Die Hinterläufe sind gut bemuskelt

Geschichte der Rasse
Zu Beginn des 20. Jahrhunderts war der ursprüngliche Épagneul Breton, wie er auf alten Abbildungen zu sehen ist, fast verschwunden, als der Züchter Arthur Enaud, die Rasse wieder belebte. Der anhängliche Begleithund stöbert, jagt und apportiert hervorragend.

ENGLISH SETTER

Der elegante, ruhige und aufmerksame English Setter versteht sich blendend mit Kindern, lernt leicht und ist bei der Arbeit im Feld tüchtig und gehorsam. Bei einigen, wenigen Settern gibt es die Anlage zur Blindheit durch Netzhautablösung. Bei der vorherrschenden weißen Varietät sind Allergien überdurchschnittlich häufig. Dieser kraftvolle Hund ist zu ausdauernder körperlicher Betätigung fähig und braucht unbedingt regelmäßig sehr viel Bewegung.

GELB/ WEISS

SCHWARZ/ WEISS

LEBER/ WEISS

DREIFARBIG

AUF EINEN BLICK

URSPRUNGSLAND Großbritannien

ENTSTEHUNGSZEIT 19. Jahrhundert

URSPRÜNGLICHE VERWENDUNG Apportieren von Federwild, Vorstehhund

HEUTIGE VERWENDUNG Begleit- und Apportierhund

LEBENSERWARTUNG 14 Jahre

GEWICHT 25–30 kg

WIDERRISTHÖHE 61–69 cm

Leicht welliges, langes, seidiges Deckhaar mit flauschiger Unterwolle

Die gerade Rute verjüngt sich

Zwischen den Zehen sind die Pfoten behaart

GESCHICHTE DER RASSE Setter entwickelten sich aus den Spaniels und haben gute Jagdeigenschaften. Der englische Züchter Edward Laverack schuf den heutigen English Setter.

GORDON-SETTER

Bei dieser Rasse handelt es sich um den schwersten, stärksten und langsamsten Setter. Vor der Einführung des Jagdgewehrs spürte dieser Hund das Wild auf und wartete dann bewegungslos auf den Jäger. Mit dieser Fähigkeit hängt das freundliche, gelassene Wesen dieses Setters zusammen. Er ist ein treuer, gehorsamer Begleithund, braucht aber täglich reichlich Auslauf.

Geschichte der Rasse Schwarz-lohfarbene Setter gab es in England schon im 17. Jahrhundert. Den heutigen Standard begründete der Duke of Richmond and Gordon im 18. Jahrhundert auf seinem Schloss in Banffshire, Schottland.

Auf einen Blick

Ursprungsland Großbritannien

Entstehungszeit 17. Jahrhundert

Ursprüngliche Verwendung Vorstehhund bei der Federwildjagd

Heutige Verwendung Begleit- und Jagdhund

Lebenserwartung 13 Jahre

Gewicht 25–30 kg

Widerristhöhe 62–66 cm

IRISH SETTER

Der Irish Setter wurde früher im Gälischen als »Modder rhu« (roter Hund) oder anderswo als »roter Spaniel« bezeichnet. Dieser rassige, aktive Hund braucht sehr viel Bewegung. Er ist schneller als die meisten Begleithunde und sucht nach Artgenossen, um mit ihnen zu spielen und sie rasch zu umkreisen. Er ist extrem extrovertiert. Seine späte Geschlechtsreife und seine Lebensfreude haben ihm den falschen Ruf eingebracht, unbeständig und erregbar zu sein.

Auf einen Blick

Ursprungsland Irland

Entstehungszeit 18. Jahrhundert

Ursprüngliche Verwendung Vorsteh- und Apportierhund

Heutige Verwendung Begleithund

Lebenserwartung 13 Jahre

Synonyme Irish Red Setter, Red Setter

Gewicht 27–32 kg

Widerristhöhe 64–69 cm

Geschichte der Rasse
Zu den Ahnen des Irish Setter gehören der altspanische Vorstehhund (nur in Spanien bekannt), Setter-Spaniels und frühe schottische Setter.

IRISH RED-AND-WHITE SETTER

Wie sein Verwandter, der Irish Setter, braucht der Red-and-white länger für die Gehorsamserziehung als die meisten Jagdhunde. Doch dann ist er ein sehr verlässlicher Gefährte. Durch seine »Lebenslust« verletzt er sich leichter als ruhigere Rassen. Die tiefe Brust macht den Hund anfällig für die lebensbedrohende Magendrehung. Der Setter hat einen feinen Geruchssinn und ist ein leidenschaftlicher Jagdhund.

Mäßig tiefer Fang

AUF EINEN BLICK

URSPRUNGSLAND Irland

ENTSTEHUNGSZEIT 18. Jahrhundert

URSPRÜNGLICHE VERWENDUNG Apportier- und Vorstehhund

HEUTIGE VERWENDUNG Begleit- und Jagdhund

LEBENSERWARTUNG 13 Jahre

GEWICHT 27–32 kg

WIDERRISTHÖHE 58–69 cm

Geschichte der Rasse Irish Setter waren ursprünglich kastanienbraun oder rot und weiß, doch dann selektierten die Züchter nur rot. Der Red-and-white Setter verschwand fast, wird aber heute wieder belebt.

POINTER

Die ursprüngliche Aufgabe des sanften, gehorsamen und ernsthaften Hundes widersprach dem natürlichen Hundeverhalten. Beim Anblick eines Hasen blieb er stehen und »zeigte« (englisch *point*), damit die begleitenden Windhunde die Beute hetzen und fassen konnten. Die Auswahlzucht hat einen vornehmen, großzügigen, hoch sensiblen Hund geschaffen. Durch sein freundliches Wesen ist der Pointer der ideale Familienhund.

Schlanke, gut bemuskelte Schenkel

Ovale Pfoten mit gewölbten Zehen und gut gepolsterten Ballen

AUF EINEN BLICK

URSPRUNGSLAND	Großbritannien
ENTSTEHUNGSZEIT	17. Jahrhundert
URSPRÜNGLICHE VERWENDUNG	Stöberhund
HEUTIGE VERWENDUNG	Begleit- und Jagdhund
LEBENSERWARTUNG	13–14 Jahre
SYNONYM	English Pointer
GEWICHT	20–30 kg
WIDERRISTHÖHE	61–69 cm

Geschichte der Rasse

Obwohl sein genauer Ursprung im Dunkeln liegt, entstand der English Pointer vollständig in Großbritannien. Irgendwann wurde vermutlich der verschwundene alte spanische Vorstehhund eingekreuzt.

Deutsche Vorstehhunde

Die deutschen Vorstehhunde basieren auf der Zuchtarbeit im Deutschland des späten 19. Jahrhunderts. Unter Verwendung von deutschen, französischen und britischen Blutlinien wurden drei verschiedene Vorstehhunde gezüchtet. Der Deutsch-Drahthaar ist Familien- und Gebrauchshund. Arthritis (im Erbgut) kann durch sorgfältige Zucht vermieden werden. Der Deutsch-Langhaar ist manchmal scheu, doch immer ein guter Begleit- und Wachhund. Auch der Deutsch-Kurzhaar kann scheu sein und manchmal unter Anfällen leiden. Alle haben für ihre Größe eine hohe Lebenserwartung.

Auf einen Blick

Ursprungsland Deutschland

Entstehungszeit 19. Jahrhundert

Ursprüngliche Verwendung Vielseitiger Jagdhund

Heutige Verwendung Begleit- und Jagdhund

Lebenserwartung 12–14 Jahre

Gewicht 27–32 kg

Widerristhöhe 60–65 cm

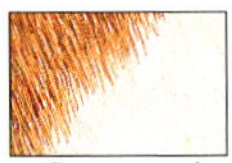

Leber/Weiss

Schwarz

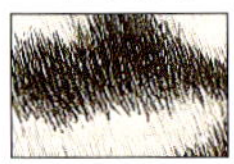

Schwarz/Weiss

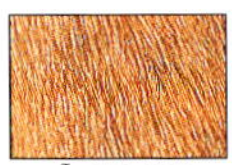

Leber

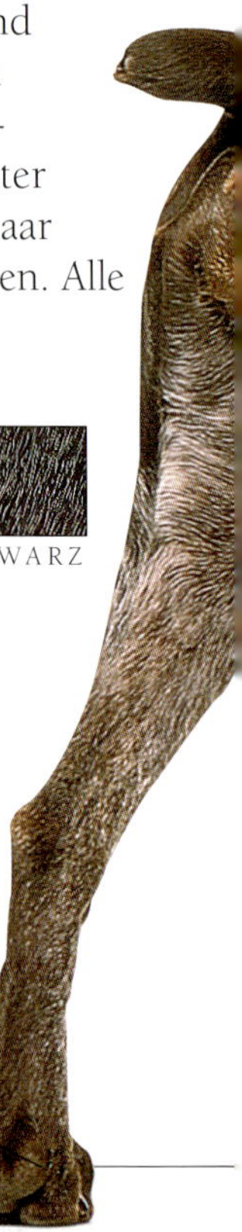

Robuste Pfoten

Geschichte der Rasse Bis ins 19. Jh. waren deutsche Vorstehhunde schwer, ruhig und langsam. Die Kreuzung dieser Hunde mit Rückensattel und Kaninchenpfoten mit den leichteren englischen Pointern schuf die heutige schlanke, athletische, gehorsame Rasse. Der Deutsch-Kurzhaar ist der Favorit von Jägern in Deutschland und England.

Deutsch-Kurzhaar

DEUTSCH-DRAHTHAAR

GESCHICHTE DER RASSE Der Deutsch-Drahthaar, der als Allzweckhund für die Jagd geschaffen wurde, ist eine Kombination aus Deutsch-Kurzhaar, französischem Griffon, Pudelpointer (einer seltenen Pudel-Pointer-Kreuzung) und Broken-coated Pointer (ausgestorben). Die Rasse wurde zuerst 1870 in Deutschland anerkannt.

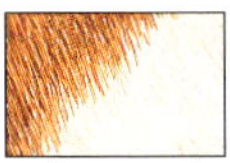

LEBER/WEISS

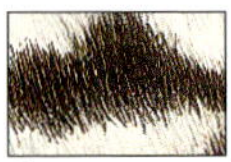

SCHWARZ/WEISS

LEBER

DEUTSCH-LANGHAAR

GESCHICHTE DER RASSE Der Deutsch-Langhaar verdankt sein Aussehen und sein Wesen zum Teil einer Art von kontinentaleuropäischen Vogelhunden. Durch Kreuzungen mit Irish und Gordon-Setters entstanden rot-schwarze Varietäten, die aber im Allgemeinen nicht zugelassen werden. Der Deutsch-Langhaar wurde erstmals 1870 in Hannover vorgestellt.

Langer Kopf mit gut platzierten, sanften Augen
Breiter, langer Fang mit braunem Nasenspiegel
Die Ohren sind an der Basis breit und mit welligem Haar bedeckt
Vorstehende Brust
Lange, gerade Vorderläufe mit weichen Haaren gut befedert
Die mäßig abgerundeten Pfoten sind zwischen den Zehen dicht behaart

GROSSER MÜNSTERLÄNDER

Die Entwicklung dieser Rasse lief anfangs nicht ganz so glatt ab. Als der Bestand des Deutsch-Langhaars zurückging, gründete man zu seiner Erhaltung einen Züchterverein, der als Standard nur braun-weiße Tiere zuließ. Jäger im Münsterland, die an Aussehen und Funktion interessiert waren, züchteten mit schwarz-weißen Hunden weiter. Der große Münsterländer liebt die Gesellschaft des Menschen.

AUF EINEN BLICK

URSPRUNGSLAND Deutschland

ENTSTEHUNGSZEIT 19. Jahrhundert

URSPRÜNGLICHE VERWENDUNG Stöber-, Vorsteh- und Apportierhund

HEUTIGE VERWENDUNG Begleit- und Jagdhund

LEBENSERWARTUNG 12–13 Jahre

SYNONYM Grosser Münsterländer Vorstehhund

GEWICHT 25–29 kg

WIDERRISTHÖHE 59–61 cm

Geschichte der Rasse Der Nachfahre von deutschen Vogelhunden begann als schwarz-weiße Varietät des braun-weißen Deutsch-Langhaar. 1919 wurde der Rassezuchtverein gegründet. Wie sein Verwandter, der Kleine Münsterländer, gewinnt er außerhalb Deutschlands an Popularität.

Breite, abgerundete Ohren liegen eng am Kopf an

Muskulöser Hals

Das lange, dichte Fell ist weder derb noch lockig

Reich befederte, lange, gerade Vorderläufe

Feste, kräftige Pfoten mit schwarzen Krallen

Český Fousek

Dieser gehorsame Hund gehört zu den beliebtesten Jagdhunden Böhmens. Er ist vielseitig als Vorsteh- und Apportierhund und auch im Wasser, einzusetzen. Als Hausgenosse kommt er meist gut mit Kindern aus. Die größten Rüden sind fast 50 Prozent größer als die kleinsten Weibchen. Manche Tiere zeigen sich dickköpfig und brauchen eine feste Hand. Bei regelmäßigem Auslauf ist diese Rasse einer der schönsten, freundlichsten Begleithunde. Am wohlsten fühlt er sich auf dem Land. Der Hund, für den es den ersten Standard im späten 19. Jahrhundert gab, verdient größere Anerkennung außerhalb seines Heimatlandes.

Auf einen Blick

Ursprungsland Tschechien

Entstehungszeit 19. Jahrhundert

Ursprüngliche Verwendung Vorstehhund

Heutige Verwendung Vorsteh- und Begleithund

Lebenserwartung 12–13 Jahre

Synonyme Tschechischer Vorstehhund, Böhmischer Raubart

Gewicht 22–34 kg

Widerristhöhe 58–66 cm

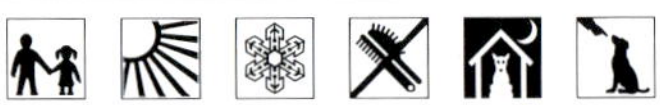

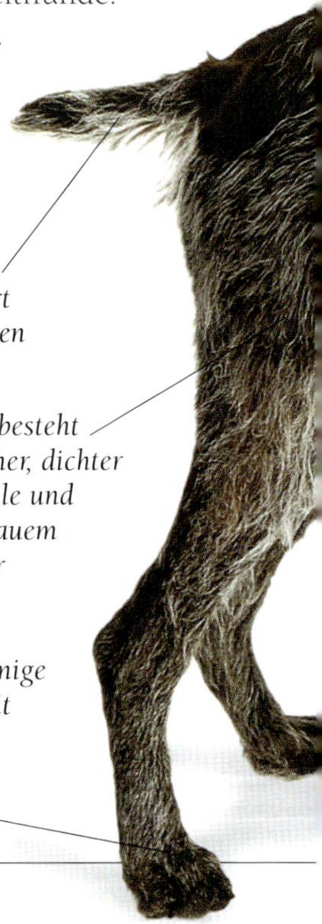

Die Ohren mit abgerundeten Spitzen sind an der Basis breit und hoch angesetzt

Der Fang ist etwas länger als der Schädel

Starke Ellbogen an geraden, schlanken Läufen

Geschichte der Rasse

Möglicherweise lebten die Vorfahren dieses Vorstehhundes im 15. Jahrhundert. Ende der 1990er Jahre wurde die Rasse durch Einkreuzungen von Deutsch-Drahthaar- und Deutsch-Kurzhaar-Blutlinien erneuert.

Braun/Weiss

Braun

GRIFFON À POIL DUR

Eduard Korthals, der Schöpfer des schönen Hundes, hat nie preisgegeben, welche Rassen er zur Zucht dieses drahthaarigen Griffons verwendet hat. Vermutlich zählten dazu Münsterländer, Deutsch-Kurzhaar und französische Griffons. Dieser zuverlässige Vorsteh- und Apportierhund, der für jedes Gelände, Wetter und Wild geeignet ist, war der erste vielseitige europäische Jagdhund, den man in den USA offiziell anerkannte. Der Hund ist gehorsam, kinderfreundlich, nicht bissig und meistens freundlich zu seinen Artgenossen, obwohl Rüden ihnen gegenüber auch aggressiv sein können.

AUF EINEN BLICK

URSPRUNGSLAND Frankreich

ENTSTEHUNGSZEIT 1860er Jahre

URSPRÜNGLICHE VERWENDUNG Jagd- und Apportierhund

HEUTIGE VERWENDUNG Jagd-, Apportier- und Begleithund

LEBENSERWARTUNG 12–13 Jahre

SYNONYM Griffon, Korthals-Griffon

GEWICHT 23–27 kg

WIDERRISTHÖHE 56–61 cm

GESCHICHTE DER RASSE
Dieser klassischer »Euro-Hund« wurde von dem holländischen Züchter Eduard Korthals aus holländischen, belgischen, deutschen, französischen und englischen Jagdhunden entwickelt. Der vielseitige Jagdhund ist in Europa und Nordamerika sehr selten.

MAGYAR VIZSLA

Der sanfte, aber dennoch energische Magyar Vizsla hätte wohl den Zweiten Weltkrieg nicht überstanden, hätten ihn nicht ungarische Emigranten in den 1930er Jahren in andere Teile Europas und nach Nordamerika mitgenommen. Die ursprüngliche Aufgabe des Vizsla als Vorsteh- und Apportierhund wurde in den letzten Jahren erweitert. Heute ist er auch ein viel geliebter, gehorsamer, zuverlässiger und gesunder Familienhund. Die Popularität der Rasse in Ungarn steigt. Ihre ursprüngliche Aufgabe hat man nicht vergessen. In Kanada kommt die drahthaarige Varietät häufig als Jagdhund bei Hobbyjägern zum Einsatz. Mit seinem ausgezeichneten Geruchssinn folgt er zielsicher einer Spur und apportiert mit Begeisterung Wild, aber auch geworfene Tennisbälle.

AUF EINEN BLICK

URSPRUNGSLAND Ungarn

ENTSTEHUNGSZEIT Mittelalter/1930er Jahre

URSPRÜNGLICHE VERWENDUNG Jagd

HEUTIGE VERWENDUNG Begleit- und Jagdhund

LEBENSERWARTUNG 14–15 Jahre

SYNONYME Ungarischer Vorstehhund

GEWICHT 22–30 kg

WIDERRISTHÖHE 57–64 cm

Bei der Kurzhaar-Varietät ist das Fell kurz, glatt, dicht, glänzend und eng anliegend; nur der Drahthaar verfügt über Unterwolle

Gerade, starke, muskulöse Vorderläufe

GESCHICHTE DER RASSE
Der Name wurde 1510 erstmals für eine Kreuzung aus dem ausgestorbenen Pannonischen Laufhund und dem Gelben Türkischen Hund verwendet. Den heutigen kurzhaarigen Jagdhund gibt es seit Mitte des 19. Jahrhunderts, den drahthaarigen seit 1930.

WEIMARANER

Der muskulöse Jagdhund ist als Gebrauchs- und Begleithund beliebt. Er verfügt über ein kluges, gehorsames und mutiges Wesen, wobei es durchaus auch mal ängstliche Tiere gibt. Die kurzhaarige und die seltenere langhaarige Form bewähren sich gut bei Geländewettbewerben, Gehorsamsprüfungen, bei der Jagd und als Wachhund. Diese Rasse mit ihrem schönen, schimmernden stahlgrauen Fell besitzt Eleganz, Geschwindigkeit, Kraft, Ausdauer. Der gehorsame Hund fühlt sich in der Stadt recht wohl, lebt aber besser in ländlichen Gebieten.

Geschichte der Rasse Der Ursprung dieser Rasse, die nach dem jagdliebenden Hof von Großherzog Karl August in Weimar benannt wurde, ist ungewiss. Sie könnte vom ausgestorbenen Leithund abstammen. Auswahlzucht im 19. Jahrhundert führte zum heutigen Standard.

Auf einen Blick

Ursprungsland Deutschland

Entstehungszeit 17. Jahrhundert

Ursprüngliche Verwendung Spürhund für großes Wild

Heutige Verwendung Jagd- und Begleithund

Lebenserwartung 12–13 Jahre

Gewicht 32–39 kg

Widerristhöhe 56–69 cm

BRACCO ITALIANO

Den Höhepunkt seiner Beliebtheit erreichte dieser kraftvolle, sensible und etwas eigensinnige Hund im Italien der Renaissance. Er wurde vor kurzem »wieder entdeckt«, zuerst von italienischen Hundezüchtern und dann von Züchtern in der restlichen Europäischen Union. Heute ist dieser kräftige, wohlproportionierte Hund ein vertrauter Anblick auf europäischen Hundeausstellungen. Ernsthaft und sanft zeigt er sich als einfühlsamer Begleiter. Die unverwechselbare Rasse ist auch ein leidenschaftlicher Spür-, Vorsteh- und Apportierhund, an Land und im Wasser.

WEISS

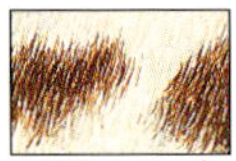

WEISS/ ORANGE, WEISS/ KASTANIE

AUF EINEN BLICK

URSPRUNGSLAND Italien

ENTSTEHUNGSZEIT 18. Jahrhundert

URSPRÜNGLICHE VERWENDUNG Spür-, Vorsteh- und Apportierhund

HEUTIGE VERWENDUNG Begleit- und Jagdhund

LEBENSERWARTUNG 12–13 Jahre

SYNONYME Italienische Bracke

GEWICHT 25–40 kg

WIDERRISTHÖHE 56–67 cm

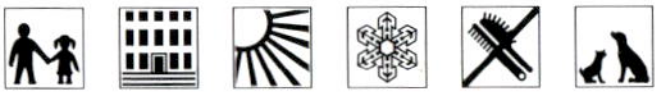

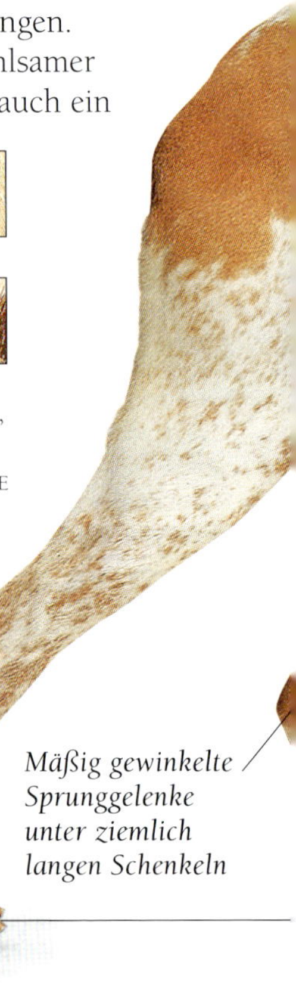

Geschichte der Rasse Man behauptet, dass diese Rasse, die im Piemont und in der Lombardei entstand, eine Kreuzung aus dem Segugio und einer altasiatischen Dogge ist. Andere halten sie für einen Abkömmling des Schweizer St. Hubertus-Hundes.

SPINONE

In jüngster Zeit wurde der Spinone weit über sein Heimatland hinaus populär. Er produziert zwar ein wenig mehr zähen Speichel als manche Leute mögen, er riecht ziemlich streng nach Hund, doch insgesamt ist es eine ruhige, lässige und gehorsame Rasse, die arbeiten möchte, ob bei der Jagd, im Geländewettbewerb oder mit Hundespielzeugen. Obwohl der Spinone würdevoll, reserviert und weise aussieht, ist er sehr verspielt. Manchmal wird er übermütig und dabei ein bisschen grob.

AUF EINEN BLICK

URSPRUNGSLAND Italien

ENTSTEHUNGSZEIT Mittelalter

URSPRÜNGLICHE VERWENDUNG Apportierhund

HEUTIGE VERWENDUNG Begleit- und Jagdhund

LEBENSERWARTUNG 12–13 Jahre

GEWICHT 32–37 kg

WIDERRISTHÖHE 61–66 cm

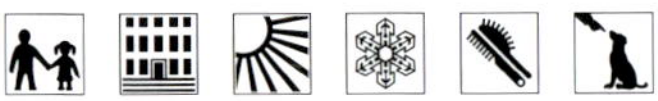

WEISS

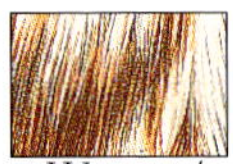

WEISS/ ORANGE, WEISS/ KASTANIE

Geschichte der Rasse Der im Wesen so angenehme Spinone könnte vom Segugio, abstammen oder vielleicht vom ausgestorbenen Korthal Griffon. Seine heutige Form, die im Piemont und in der Lombardei entstand, gab es schon im 13. Jahrhundert.

HÜTEHUNDE

DEN LAGERPLATZ oder das Heim eines Menschen zu bewachen ist für den Hund ein natürliches Verhalten. Im Zweistromland, im heutigen Irak, wo unsere jagenden Vorfahren zu Bauern wurden, verwendete man Hunde auch zum Bewachen des Viehs. Hunde, die mit Schafen, Ziegen oder Rindern aufgewachsen waren, beschützten sie als Mitglieder ihres eigenen Rudels. Bald waren sie als Wächter unentbehrlich.

URALTE WURZELN

Viehherden waren ursprünglich klein und konnten als Ganzes leicht vor Wölfen oder Dieben geschützt werden. Mit wachsender Anzahl der Tiere setzte man Hunde ein, um versprengte Tiere zur Herde zurückzubringen – so entstanden die Hütehunde. Als die Schäfer begannen, ihre Herden über weite Entfernungen zu treiben, entstand eine weitere Hundegruppe, die Treibhunde. Beide beschützten das Vieh und trieben es voran. Bullige Treiber entstanden für das Vieh, kleinere, wendigere für Schafe und Ziegen. Diese kleineren Hunde sind die Vorläufer der modernen Schäferhunde. Durch Auswahlzucht entstand die Dogge zum Schutz von Herden. Diese Hunde verbreiteten sich über ganz Europa und viele der heutigen Gebirgshunde stammen von Doggen ab. Römische Legionen, die vor 2000 Jahren über die Alpen in die Schweiz kamen, führten Doggen mit sich und ließen die Vorfahren der Sennenhunde zurück. In Rom traten Doggen in der Arena im Kampf gegen

Deutscher Schäferhund

andere Tiere oder Rassegenossen an. Ihre Nachfahren kämpften in Bullen-, Bären- und Hundekämpfen, obwohl ihre Hauptaufgabe der Schutz des Heims blieb. Bullmastiffs, Bulldoggen, Deutsche Doggen und Boxer stammen von ihnen ab. Nach Südamerika exportierte Kampfhunde waren die Grundlage für die regionalen Doggenrassen.

Beauceron

Wächter und Hüter

Viehhüten blieb eine Hauptaufgabe der doggenartigen Hunde, aber auch Rinder- und Schweinezüchter und Metzger brauchten robuste, wendige hunde, die Herden beschützen und treiben konnten. Der Bobtail war ein exzellenter Viehtreiber, ebenso der Corgi und der schwedische Västgötaspets. In Deutschland übernahmen Riesen- und Mittelschnauzer diese Rolle, während in Frankreich heute der Bouvier des Flandres als Viehtreiber herausragt. In Australien werden der Kelpie und verschiedene Heeler für große Viehherden eingesetzt. Andere, defensivere Hütehundrassen verbreiteten sich aus Asien nach Europa und Afrika. Auf dem Balkan entstand eine Anzahl von Schäferhunden, während in Ungarn der Komondor noch heute Herden beschützt. Im restlichen Europa bewachen andere große Hütehunde ihre Herden, aber treiben sie nicht, so der Kuvasz und der Maremmaner (sie sind zur Unterscheidung von Wölfen und zur Anpassung an die Herden immer weiß). Um ihre Herden zu treiben, verwendeten Schäfer auch Hunde wie den Bergamasker Hirtenhund und den Polnischen Niederungshütehund. Weitere Hütehundrassen entstanden, zum Beispiel in Großbritannien der Collie. In Belgien, den Niederlanden, Frankreich und Deutschland entstanden Schäferhunde – alle auf gute Hüteeigenschaften und Gehorsam gezüchtet. Der vielseitige Deutsche Schäferhund wird heute in unterschiedlichen Bereichen eingesetzt.

Nützliche Helfer

Hütehunde unterscheiden sich im Aussehen und Wesen, aber sie alle beschützen und helfen.

Lancashire-Heeler

DEUTSCHER SCHÄFERHUND

Möglicherweise gibt es den Deutschen Schäferhund und seine nahen Verwandten, die holländischen und belgischen Schäferhunde, in fast der gleichen Form schon seit Tausenden von Jahren. Bei Ausbruch des Ersten Weltkriegs war der Deutsche Schäferhund in Deutschland beliebt und breitete sich in anderen Teilen der Welt aus. Die Massenzucht hat jedoch zu körperlichen und Verhaltensproblemen geführt. Gelenkarthritis, Augenkrankheiten, Magen-Darm-Krankheiten und andere Leiden treten oft auf. Ebenso häufig sind Scheu, Ängstlichkeit, Nervosität und Aggression gegen andere Hunde. Bei sorgfältiger Zucht ist die Rasse zuverlässig, ruhig und gehorsam.

Geschichte der Rasse Die häufigste Rasse der Welt entstand in dem herausragenden Zuchtprogramm, das Max von Stephanitz Ende des 19. Jahrhundert ins Leben rief. Aus Langhaar-, Kurzhaar- und Drahthaar-Schäferhunden aus Bayern, Württemberg und Thüringen schufen Züchter den gehorsamen Deutschen Schäferhund. Heute ist in den meisten Ländern die Kurzhaar-Varietät für Ausstellungen zugelassen.

VIELE FARBEN

Auf einen Blick

Ursprungsland Deutschland

Entstehungszeit 19. Jahrhundert

Ursprüngliche Verwendung Schäferhund

Heutige Verwendung Begleit-, Schutz-, Dienst- und Blindenhund

Lebenserwartung 12 13 Jahre

Gewicht 34–43 kg

Widerristhöhe 55–66 cm

GROENENDAEL

Eine Klassifizierung der belgischen Schäferhunde ist nicht einfach, weil die nationalen Zuchtverbände sich nicht auf einen Namen einigen können. 1891 führte Prof. Adolphe Reul, von der belgischen tiermedizinischen Hochschule eine Bestandsaufnahme aller in Belgien lebenden Schäferhunde durch. Vier Rassen wurden national anerkannt. In vielen Ländern werden sie als eine einzige Rasse geführt, als belgischer Schäferhund. In den USA ist der Groenendael der belgische Schäferhund, während der Malinois und der Tervueren gesondert und der Laekenois überhaupt nicht anerkannt werden. Alle haben eine starke Persönlichkeit und brauchen früh Erziehung.

Geschichte der Rasse Ende des 19. Jh. hatten Züchter lebhaftes Interesse an einheimischen Schäferhunden. Man schuf Standards, die möglichst wenige Rassen zuließen. Belgien erkannte ursprünglich acht Rassen an, darunter den Groenendael, der vom belgischen Züchter Nicholas Rose entwickelt wurde.

Auf einen Blick

Ursprungsland Belgien

Entstehungszeit Mittelalter/19. Jahrhundert

Ursprüngliche Verwendung Viehhüten

Heutige Verwendung Begleit- und Wachhund

Lebenserwartung 13–14 Jahre

Synonyme Belgischer Schäferhund, Berger Belge

Gewicht 27,5–28,5 kg

Widerristhöhe 56–66 cm

LAEKENOIS

Obwohl diese Rasse ebenso dickköpfig ist wie ihre drei nahen Verwandten, Groenendael, Malinois und Tervueren, schnappt sie weniger leicht. Weshalb der Laekenois so selten ist, ist unerklärlich – er ist ebenso fruchtbar und ein ebenso guter Gebrauchshund wie die anderen belgischen Schäferhunde. Vielleicht schreckt sein derbes Aussehen mögliche Züchter ab. Da er wach und aktiv ist, spricht er gut auf Gehorsamserziehung an und ist ein großartiger Wachhund. Er ist kinderfreundlich, wenn er sie als Welpe kennen lernt, mit anderen Hunden hat er manchmal Probleme.

Auf einen Blick

Ursprungsland Belgien

Entstehungszeit Mittelalter/19. Jh.

Ursprüngliche Verwendung Viehhüten

Heutige Verwendung Begleit- und Wachhund

Lebenserwartung 12–14 Jahre

Synonyme Berger de Laeken, Belgischer Schäferhund (s. auch Groenendael)

Gewicht 27,5–28,5 kg

Widerristhöhe 56–66 cm

Geschichte der Rasse

Der derbe, zottelig wirkende Laekenois ist heute der seltenste der belgischen Schäferhunde. Er war der Lieblingshund von Königin Henrietta von Belgien und heißt nach Schloss Laeken. Die Rasse wurde 1897 erstmals anerkannt und ähnelt der rauhaarigen Varietät des verwandten holländischen Schäferhundes.

MALINOIS

Das Fell des Malinois ähnelt dem der kurzhaarigen Varietät des niederländischen Schäferhundes. Doch vom Wesen her steht er dem Laekenois am nächsten – aktiv und wach, mit dem Instinkt zu bewachen und beschützen. Dies ist nach dem Laekenois der zweitseltenste der belgischen Schäferhunde, obwohl beide Rassen weniger schnappen als Tervueren und Groenendael. Vielleicht ist er wegen der Konkurrenz zum beliebten Deutschen Schäferhund, dem er stark ähnelt, so selten. Der Malinois ein kluger Hund, der immer häufiger in der Polizeiarbeit eingesetzt wird.

Geschichte der Rasse
Der Malinois war der erste belgische Schäferhund mit festgelegtem Typ und wurde so das Maß der anderen belgischen Schäferhunde. Er heißt nach der Gegend von Malines (Mechelen), wo er sehr häufig war. Im Äußeren ähnelt er dem Deutschen Schäferhund am meisten.

Auf einen Blick

Ursprungsland Belgien

Entstehungszeit Mittelalter/19. Jh.

Ursprüngliche Verwendung Viehhüten

Heutige Verwendung Begleit-, Schutz- und Diensthund

Lebenserwartung 12–14 Jahre

Synonyme Mechelaar, Belgischer Schäferhund (s. Groenendael)

Gewicht 27,5–28,5 kg

Widerristhöhe 56–66 cm

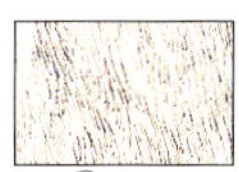

Grau

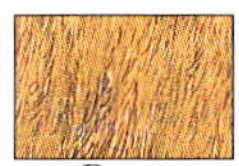

Reh

Rot

TERVUEREN

Der Tervueren ist sehr lernfähig und kann sich gut konzentrieren. So eignet er sich besonders gut für Geschicklichkeitsprüfungen, als Polizei- und Schutzhund sowie als Blinden- und Behindertenhund. Seit zehn Jahren nützt man seinen scharfen Geruchssinn um Drogen zu finden, die über die Landesgrenzen geschmuggelt werden. Sein langes, doppelt pigmentiertes Fell, bei dem jedes helle Haar eine schwarze Spitze hat, trägt zu seiner Attraktivität und wachsenden Beliebtheit bei. Wie alle belgischen Schäferhunde braucht auch diese Rasse eine feste und einfühlsame Hand.

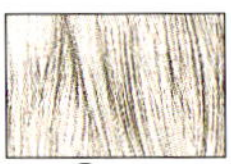

GRAU

REH

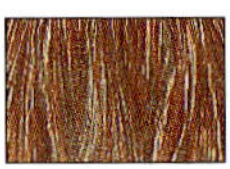

ROT

GESCHICHTE DER RASSE In Wesen und Aussehen dem Groenendael am ähnlichsten (Groenendael-Paarungen führen manchmal zu Tervueren-Welpen), geht diese Rasse auf den gleichen Stamm zurück wie der Groenendael. 1945 fast verschwunden, errang er im letzten Jahrzehnt neue Beliebtheit, vor allem als Drogenspürhund.

AUF EINEN BLICK

URSPRUNGSLAND Belgien

ENTSTEHUNGSZEIT Mittelalter/19. Jh.

URSPRÜNGLICHE VERWENDUNG Viehhüten

HEUTIGE VERWENDUNG Begleit-, Schutz- und Diensthund

LEBENSERWARTUNG 12–14 Jahre

SYNONYME Belgischer Schäferhund (s. auch Groenendael)

GEWICHT 27,5–28,5 kg

WIDERRISTHÖHE 56–66 cm

BORDER-COLLIE

Der Border-Collie ist in Großbritannien und Irland der beliebteste Schäferhund. Er ist ein anhänglicher, aber schwieriger Hausgenosse, besonders in der Stadt. Border-Collies haben mitunter einen starken Raubtier-Instinkt, der durch Zucht und Erziehung zu ausgezeichneten Hüteeigenschaften umfunktioniert wird. Ohne entsprechende Anregung wird aus dem Arbeitseifer destruktives Verhalten und der Hund »treibt« Menschen oder andere Hunde oder er beißt.

Die recht großen Augen stehen weit auseinander

AUF EINEN BLICK

URSPRUNGSLAND Großbritannien

ENTSTEHUNGSZEIT 18. Jahrhundert

URSPRÜNGLICHE VERWENDUNG Schaf- und Rinderhüten

HEUTIGE VERWENDUNG Begleit- und Schäferhund

LEBENSERWARTUNG 12–14 Jahre

GEWICHT 14–22 kg

WIDERRISTHÖHE 46–54 cm

GESCHICHTE DER RASSE Diese Rasse erhielt erst 1915 ihren Namen, obwohl Schäfer im schottischen Grenzland seit langem Collies einsetzten.

ROT
BLAU-MARMORIERT
SCHWARZ/WEISS
DREIFARBIG
BRAUN
SCHWARZ

Dichtes, leicht raues, glänzendes Deckhaar
Ziemlich schwere Mähne
Die Rute wird niedrig, doch an der Spitze aufgebogen getragen
Starkknochige, gerade Vorderläufe

LANGHAARIGER COLLIE

Das elegante Aussehen dieser Rasse faszinierte zuerst die Züchter und dann die Öffentlichkeit. Die Beliebtheit wuchs, nachdem Königin Viktoria einen Collie erwarb, doch erst nachdem Hollywood die Lassie-Filme produziert hatte, kam die internationale Popularität. Der Erfolg der Rasse bei Ausstellungen überdeckte ihre Hüteeigenschaften. Sie ist kinderfreundlich. Ihr Fell verfilzt leicht und braucht tägliche Pflege.

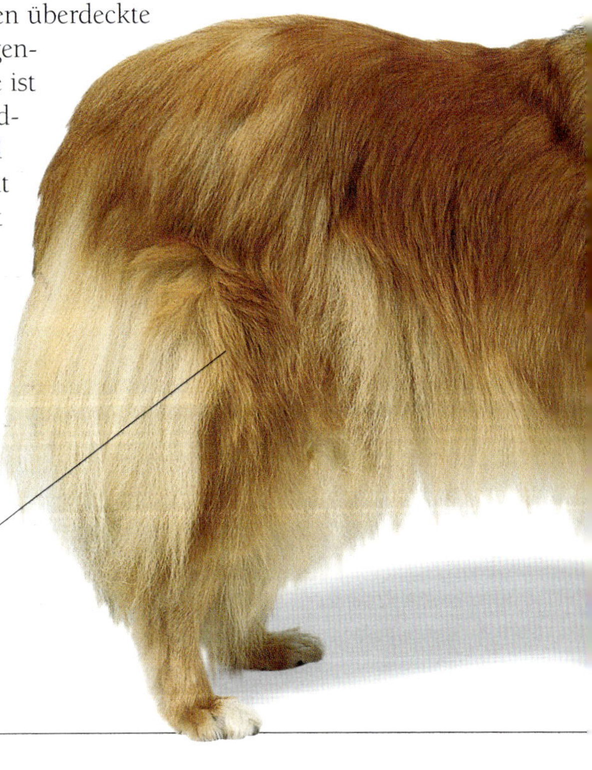

BRAUN-GRAU-WEISS — BLAU-MARMORIERT — DREIFARBIG

Geschichte der Rasse Sie stammt in der heutigen Form aus dem kalten nördlichen Schottland. Der Gebrauchshund hatte kürzere Läufe und eine kürzere Nase.

Auf einen Blick

Ursprungsland Großbritannien

Entstehungszeit 19. Jahrhundert

Ursprüngliche Verwendung Schafhüten

Heutige Verwendung Begleithund

Lebenserwartung 12–14 Jahre

Synonyme Collie, Rough Collie, Scottish Collie

Gewicht 18–30 kg

Widerristhöhe 51–61 cm

KURZHAARIGER COLLIE

Der Kurzhaarige Collie wurde meist mit dem Langhaarigen zusammengefasst, da dieser mitunter kurzhaarige Welpen wirft. Im Wesen unterscheiden sie sich jedoch, vielleicht aufgrund des kleineren Genpools beim selteneren Kurzhaarigen Collie. Er ist außerhalb Großbritanniens sehr selten, ist scheu und schnappt gern. Trotzdem ist er ein guter Begleithund, auch in der Stadt.

BRAUN-GRAU

BLAU-MARMORIERT

DREIFARBIG

Die Spitzen der Stehohren hängen herab, wenn der Hund aufmerksam ist

Auf einen Blick

Ursprungsland Großbritannien

Entstehungszeit 19. Jahrhundert

Ursprüngliche Verwendung Schafhüten

Heutige Verwendung Begleithund

Lebenserwartung 12–14 Jahre

Gewicht 18–30 kg

Widerristhöhe 51–61 cm

Geschichte der Rasse Ahne des kurzhaarigen Collie war ein dreifarbiger Welpe namens Trefoil, der 1873 geboren wurde. Auch Windhundblut könnte eingekreuzt sein

Lange, schlanke Vorderläufe

SHELTIE

Der Sheltie ist seit langem eine der beliebtesten Hunderassen in Japan und seine Popularität hält an. Man schätzt ihn aber auch in Großbritannien und Nordamerika. Obwohl er nur noch selten als Gebrauchshund Verwendung findet, hat er sich seine Hüte- und Treibeigenschaften bewahrt. Er beschützt das Haus seines Besitzers und ist bereit, es zu verteidigen. Er ist eine Miniaturausgabe der großen, arbeitsamen schottischen Schäferhunde, besonders der Collies. Doch die Verkleinerung bringt auch Probleme: Es besteht eine erhöhte Gefahr, dass die langen, dünnen Beinknochen brechen. Erbliche Verdauungs- und Augenbeschwerden treten häufig auf.

BRÄUNLICH

DREIFARBIG

BLAU-MARMORIERT

SCHWARZ/LOH

SCHWARZ/WEISS

Die kleinen Kippohren stehen eng zusammen

Geschichte der Rasse
Diese Rasse könnte das Ergebnis der Kreuzung von Langhaarigen Collies mit Hunden von den Shetland-Inseln sein.

Der Kopf verjüngt sich elegant von den Ohren zur Nase

Üppige Halskrause aus langem Haar

Auf einen Blick

Ursprungsland Großbritannien

Entstehungszeit 18. Jahrhundert

Ursprüngliche Verwendung
Schafhüten

Heutige Verwendung
Begleit- und Schäferhund

Lebenserwartung 12–14 Jahre

Gewicht 6–7 kg

Widerristhöhe 35–37 cm

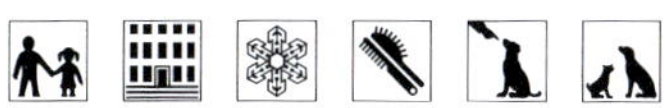

Bearded Collie

Überschwang ist die hervorstechende Eigenschaft dieser alten Rasse. Sie war als Gebrauchshund fast verschwunden und wurde 1944 wieder belebt, als Mrs. Willison, die Besitzerin von Jeannie, Bailie anschaffte, den sie am Strand sah. Praktisch alle heutigen Beardies stammen von diesen zwei Hunden ab. Diese freundliche Rasse braucht ständig Betätigung, sie ist ideal für Leute mit viel Zeit und Energie.

Auf einen Blick

Ursprungsland Großbritannien

Entstehungszeit 16. Jahrhundert

Ursprüngliche Verwendung
Schafhüten

Heutige Verwendung
Begleithund

Lebenserwartung 12–13 Jahre

Synonym Beardie

Gewicht 18–27 kg

Widerristhöhe 51–56 cm

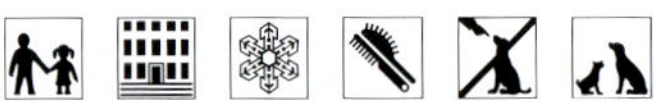

GESCHICHTE DER RASSE Der Bearded Collie soll vom Polnischen Niederungshütehund abstammen. Nach der Eroberung Großbritanniens gewann er die USA und Kanada für sich.

BOBTAIL

Im Jahr 1961 konzipierte ein britischer Farbenfabrikant eine Fernsehwerbung, in der er einen Bobtail als Firmensymbol einsetzte. Die Idee erwies sich als exzellent, denn die Verkaufszahlen des Farbenherstellers stiegen rapide an – genau wie die Verkäufe von Hunden dieser Rasse. Manchmal brechen die alten aggressiven Instinkte des Bobtails durch – doch eine frühe Erziehung ist vor allem nötig, um das große Verlangen der Rasse nach Zuneigung zu zügeln. Obwohl sich dieser kräftige Wuschelhund manchmal wie der sprichwörtliche Elefant im Porzellanladen verhält, ist er ein hervorragender Begleit- und Wachhund.

Das Fell wird härter und zottliger, wenn der Welpe erwachsen wird

AUF EINEN BLICK

URSPRUNGSLAND Großbritannien

ENTSTEHUNGSZEIT 19. Jahrhundert

URSPRÜNGLICHE VERWENDUNG Schafhüten

HEUTIGE VERWENDUNG Begleithund

LEBENSERWARTUNG 12–13 Jahre

SYNONYME Old English Sheepdog, Altenglischer Schäferhund

GEWICHT 29,5–30,5 kg

WIDERRISTHÖHE 56–61 cm

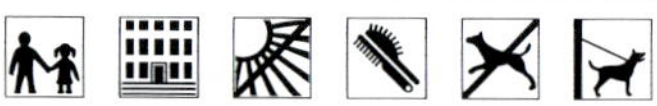

BLAU

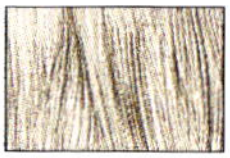

GRAU

GESCHICHTE DER RASSE
Der Bobtail geht wohl auf kontinentale Schäferhunde wie den Briard zurück. Die Auswahlzucht begann in den 1880er Jahren.

Fast quadratischer Kopf mit langen, kräftigen, viereckigen Kiefern
Der Widerrist liegt tiefer als die Kruppe
Üppiges Fell mit Wasser abweisender Unterwolle

WELSH CORGI CARDIGAN

Passen Sie auf Ihre Füße auf, wenn ein Corgi in der Nähe ist. Dieser robuste Gebrauchshund ist ein »Fersenzwicker«, der ursprünglich das Vieh in die Fersen zwickte, um es zu treiben. Er ist so niedrig, damit er nicht von ausschlagenden Hufen getroffen wird. *Cur* bdeutete einst bewachen und *gi* heißt im alten Walisisch Hund. Der Corgi wird als Wach- und Treibhund diesem Namen gerecht. Er ist auch ein munterer Begleithund.

AUF EINEN BLICK

URSPRUNGSLAND Großbritannien

ENTSTEHUNGSZEIT Mittelalter?

URSPRÜNGLICHE VERWENDUNG Viehtreiber

HEUTIGE VERWENDUNG Begleithund, Viehtreiber

LEBENSERWARTUNG 12–14 Jahre

GEWICHT 11–17 kg

WIDERRISTHÖHE 27–32 cm

ALLE FARBEN

Die dunklen, mittelgroßen, leicht schräg gestellten Augen stehen weit auseinander

Kräftiger, leicht gebogener Hals auf hängenden Schultern

GESCHICHTE DER RASSE

Manche Experten meinen, dass die Rasse vor etwa 3000 Jahren mit den Kelten nach Britannien kam. Andere glauben, dass der Verwandte des kontinentalen Basset vor 1000 Jahren Großbritannien erreichte. Im 19. Jahrhundert verringerten Kreuzungen mit dem Welsh Corgi Pembroke die Unterschiede zwischen den Rassen.

WELSH CORGI PEMBROKE

Der Welsh Corgi Pembroke hat eine verblüffende Ähnlichkeit mit dem Västgötaspets. Vielleicht nahmen die Wikinger diesen entschlossenen kleinen Treibhund von Großbritannien mit nach Skandinavien zurück. Bis ins 19. Jahrhundert benutzte man überall in Großbritannien solche Hunde dazu, um das Vieh auf die Märkte zu treiben. Die Vorfahren des Pembroke zeichneten sich durch Ausdauer und Tüchtigkeit aus. Heute wird er meist als Belgeithund gehalten. Die Züchter haben es noch nicht ganz geschafft, die Bissigkeit der Rasse zu eliminieren.

Das Fehlen der Rute ist erblich

AUF EINEN BLICK

URSPRUNGSLAND Großbritannien

ENTSTEHUNGSZEIT 10. Jahrhundert

URSPRÜNGLICHE VERWENDUNG
Viehtreiber

HEUTIGE VERWENDUNG
Begleithund, Viehtreiber

LEBENSERWARTUNG 12–14 Jahre

GEWICHT 10–12 kg

WIDERRISTHÖHE 25–31 cm

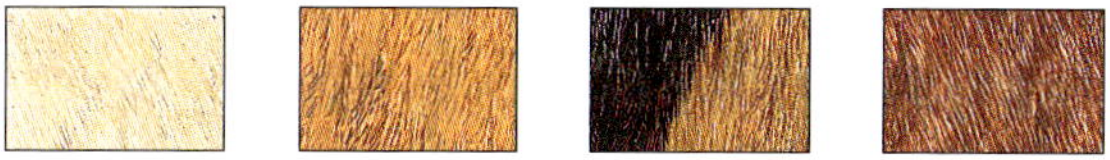

GRAU-BRAUN | REH | SCHWARZ/LOH | ROT

GESCHICHTE DER RASSE
Alten Aufzeichnungen lässt sich entnehmen, dass es den Welsh Corgi Pembroke mindestens seit 920 in Großbritannien gibt. Er soll flämische Weber, die auf Einladung von König Henry I. ins Land kamen, begleitet haben.

Feste Stehohren mit abgerundeten Spitzen

Der Körper ist deutlich kürzer als der des Cardigan

LANCASHIRE-HEELER

Mit dem Aufkommen der modernen Transportmittel wurde die Arbeit der alten Viehtreiber überflüssig. In Großbritannien verschwanden der Yorkshire- und Norfolk-Heeler, der Drover's Cur und der Londoner Smithfield Collie. Der heutige Lancashire-Heeler ist in Farbe (Schwarz mit Lohfarben) und Größe mit seinem alten Namensvetter fast identisch, doch wird er selten als Hütehund verwendet, hat das Hüten auch nicht gelernt. Er hat die Klugheit und den Trieb, Ratten und Kaninchen zu fangen, von seinen Terriervorfahren und ist ein guter Begleithund.

Die hoch angesetzte Rute wird nach vorn gerollt auf dem Rücken getragen

Die Hinterläufe sind gut bemuskelt

Die Läufe sind kurz im Verhältnis zur Größe

GESCHICHTE DER RASSE

Heelers, die Vieh durch »Fersenzwicken« trieben, sah man, wenn Vieh zum Markt gebracht wurde. Der Lancashire-Heeler verschwand im frühen 20. Jahrhundert. Die heutige Rasse, eine Neuzüchtung aus den 1960er Jahren, ist eine Kreuzung zwischen Welsh Corgi und Manchester Terrier.

Große, leuchtende, weit auseinander stehende Augen

Die Fangbehaarung wird im Alter als Erstes grau

Lange, tiefe Brust- und Bauchpartie unter einem festen, kräftigen Rücken

Die leicht nach außen gedrehten Vorderpfoten sind mit lohfarbenem Fell bedeckt

Auf einen Blick

Ursprungsland Großbritannien

Entstehungszeit 16. Jahrhundert/1960er Jahren

Ursprüngliche Verwendung Rinderhüten

Heutige Verwendung Begleithund

Lebenserwartung 12–13 Jahre

Synonym Ormskirk Heeler

Gewicht 3–6 kg

Widerristhöhe 25–31 cm

VÄSTGÖTASPETS

Obwohl dieser energische Hütehund in Schweden als einheimisch gilt, stammt er wohl eher von den kontinentaleuropäischen Bassets ab. Er ist ausdauernd und zäh, ein fleißiger Arbeiter und furchtlos wie viele Heeler. Ein Bauernhund, der Vieh bewacht und treibt, Haus und Hof schützt und Schadtiere fängt. Er ist für geübte Hundehalter ein lohnender Begleiter, doch hat er den Hang zum Beißen. Werden mehrere Hunde gemeinsam gehalten, kommt es vermutlich zu Kämpfen.

AUF EINEN BLICK

URSPRUNGSLAND Schweden

ENTSTEHUNGSZEIT Mittelalter

URSPRÜNGLICHE VERWENDUNG Hüte- und Wachhund, Rattenfänger

HEUTIGE VERWENDUNG Begleit-, Hüte- und Wachhund, Rattenfänger

LEBENSERWARTUNG 12–14 Jahre

SYNONYME Svensk Vallhund, Schwedischer Schäferspitz

GEWICHT 11–15 kg

WIDERRISTHÖHE 31–35 cm

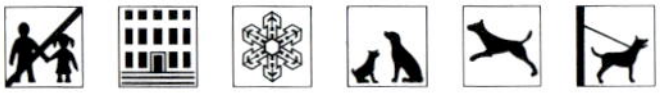

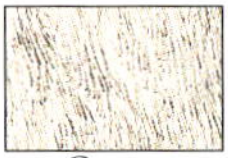
GRAU

ROTGELB

ROT-BRAUN

GRAU-BRAUN

Geschichte der Rasse Sie ähnelt in Aussehen und Wesen stark dem Welsh Corgi Pembroke. Vermutlich kam dieser vielseitige Wach- und Hütehund mit den Wikingern aus Pembrokeshire in Wales nach Skandinavien. Der schwedische Züchter von Rosen sicherte sein Überleben in den 1940er Jahren.

Australian Cattle Dog

In England trieb der heute ausgestorbene Blue Heeler an den Docks Schafe und Vieh auf die Schiffe. Trotz seines völlig anderen Ursprungs ähnelt der Australian Cattle Dog dieser alten Rasse. Ein australischer Pionier, Thomas Smith Hall, wollte so einen Hund, der für Viehtriebe im Australien des 19. Jahrhundert robust genug sein sollte. Hall nützte die Fähigkeit des Dingos, sich lautlos an eine Beute anzuschleichen und schuf einen dem heutigen Cattle Dog ähnlichen Hund. Die Rasse ist von Natur aus misstrauisch und muss als Welpe Menschen und andere Tiere kennen lernen.

Auf einen Blick

Ursprungsland Australien

Entstehungszeit 19. Jahrhundert

Ursprüngliche Verwendung Viehhüten

Heutige Verwendung Hüte- und Begleithund

Lebenserwartung 12 Jahre

Synonyme (Australischer) Heeler, Blue Heeler, Hall's Heeler, Queensland Heeler

Gewicht 16–20 kg

Widerristhöhe 43–51 cm

Loh

Blau

Geschichte der Rasse Der vielseitige, furchtlose Australian Cattle Dog ist das Ergebnis aus sechs Jahrzehnten von Kreuzungen. Daran beteiligt waren der Red Bobtail, der blaumarmorierte Collie und der Dingo.

AUSTRALIAN SHEPHERD DOG

Der Australian Shepherd ist trotz seines Namens Amerikaner und außerhalb der USA praktisch unbekannt. Dank seines gehorsamen Wesens und seines guten Aussehens nimmt er an Beliebtheit zu. Er entstand als Hütehund für das vielfältige Klima Kaliforniens und ist heute sowohl ein anhänglicher Familienhund als auch ein ausgezeichneter Such- und Rettungshund. Er ist verspielt, bewahrt sich aber seinen Arbeitseifer. Er ist noch kein »Designer-Hund«, obwohl manche Züchter daran arbeiten, seine Größe zu verringern.

AUF EINEN BLICK

URSPRUNGSLAND
USA/Australien/Neuseeland

ENTSTEHUNGSZEIT 20. Jahrhundert

URSPRÜNGLICHE VERWENDUNG
Schäferhund

HEUTIGE VERWENDUNG
Begleit- und Schäferhund

LEBENSERWARTUNG 12–13 Jahre

GEWICHT 16–32 kg

WIDERRISTHÖHE 46–58 cm

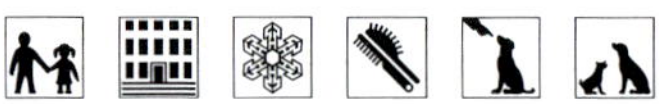

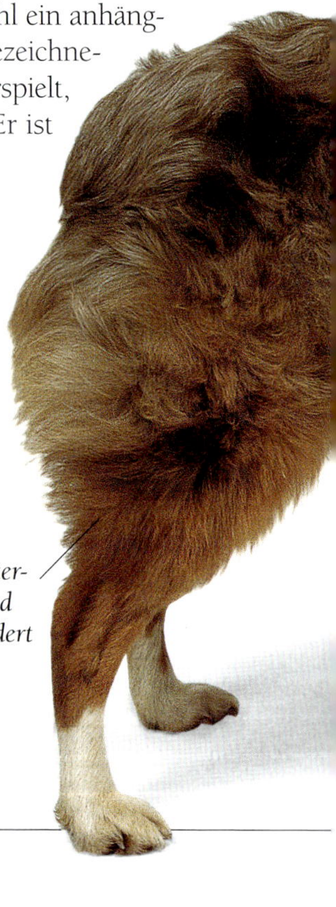

Die Hinterläufe sind gut befedert

GESCHICHTE DER RASSE
Sie entstand Anfang des 20. Jahrhunderts in Kalifornien, obwohl ihre Vorfahren aus Australien und Neuseeland stammen.

Vorwiegend braune Nase

Der Rumpf ist mäßig lang

Mäßig raues Deckhaar

Dicke Fellkrause um Hals und Brust

Feste, breite Pfoten geben ihm sicheren Stand

ROT

LEBER

SCHWARZ

BLAU-MARMORIERT

MAREMMANER HIRTENHUND

Dies ist ein klassischer europäischer Hirtenhund, vielleicht ein naher Verwandter der großen weißen Schäferhunde des Ostens, die sich vor mehr als 1000 Jahren in Europa ausbreiteten. Karabash- und Akbash-Schäferhunde aus der Türkei, Kuvac aus der Slowakei, Kuvasz und Komondor aus Ungarn und Pyrenäenhunde aus Frankreich gehören alle zu dieser Wanderbewegung. Die Vorfahren des Maremmaner Hirtenhundes entwickelten sich kleiner als andere Hütehunde, doch genauso unabhängig. Diese Rasse ist in anderen Ländern als Italien noch selten, obwohl man sie in Großbritannien schon regelmäßig sieht. Er ist eigenwillig und lernt nicht leicht Gehorsam, doch er ist ein guter Wachhund.

Auf einen Blick

Ursprungsland Italien

Entstehungszeit Altertum

Ursprüngliche Verwendung
Hütehund

Heutige Verwendung
Begleit- und Schutzhund

Lebenserwartung 11–13 Jahre

Synonyme Maremmen-Abruzzen-Schäferhund, Cane da Pastore Maremmano-Abruzzese

Gewicht 30–45 kg

Widerristhöhe 60–73 cm

Geschichte der Rasse Der heutige Maremmaner Hirtenhund ist ein Abkömmling des kürzer behaarten Maremmaner Schäferhundes und des langen Abruzzen-Berghundes.

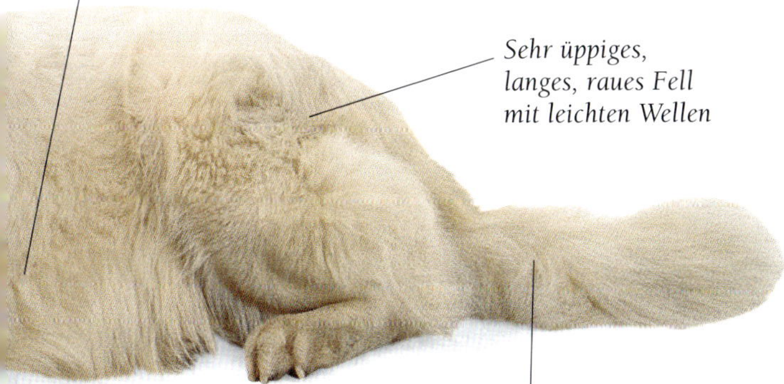

KARABASH

Türkische Schäfer setzten Hunde nie ein, um die Schafe zu hüten, sondern nur, um Raubtiere zu vertreiben. Diese Hirtenhunde wurden insgesamt als »coban kopegi« klassifiziert, doch in den 1970er Jahren begannen Züchter, nach regionalen Varietäten zu forschen. Schäferhunde vom Karabash-Typ gibt es in der Zentraltürkei und sie ähneln stark den Schäferhunden der Osttürkei. In seinem Heimatland bleibt der Karabash ein Hütehund, der Herden vor Wölfen, Bären und Schakalen schützt. Da er eigenwillig und unabhängig ist, ist er als Begleithund nicht besonders geeignet, doch bei sorgfältiger Sozialisation kann er sich recht gut an das Leben in einer Familie anpassen.

AUF EINEN BLICK

URSPRUNGSLAND Türkei

ENTSTEHUNGSZEIT Mittelalter

URSPRÜNGLICHE VERWENDUNG Schäferhund

HEUTIGE VERWENDUNG Schäferhund

LEBENSERWARTUNG 10–11 Jahre

SYNONYME Coban Kopegi, Karabas, Kangal-Hund, Anatolischer Schäferhund

GEWICHT 41–64 kg

WIDERRISTHÖHE 71–81 cm

Anliegendes, kurzes, dichtes Fell mit dicker Unterwolle

VIELE FARBEN

Geschichte der Rasse Vor etwa 1000 Jahren drangen die Turkvölker nach Kleinasien vor und besetzten das Gebiet der heutigen Türkei. Dabei brachten sie ihre großen Hirtenhunde mit, von denen der Karabash abstammt.

KOMONDOR

Der Komondor hütete in Ungarn jahrhundertelang Schafe und Rinder. Dabei schützte ihn sein Schnürenfell sowohl vor Kälte als auch vor Wölfen. Seine guten Hüteeigenschaften nützt man heute in Nordamerika, um Schafe vor räuberischen Koyoten zu schützen. Der Hund wird schon als Welpe mit seiner Schafherde aufgezogen und er wird zusammen mit den Schafen geschoren. Er ist ein liebenswürdiger Begleithund, allerdings braucht sein Fell regelmäßige Pflege, damit die Schnüre nicht verfilzen.

AUF EINEN BLICK

URSPRUNGSLAND Ungarn

ENTSTEHUNGSZEIT Altertum

URSPRÜNGLICHE VERWENDUNG Schäferhund

HEUTIGE VERWENDUNG Viehhüten, Begleithund

LEBENSERWARTUNG 12 Jahre

GEWICHT 36–61 kg

WIDERRISTHÖHE 65–90 cm

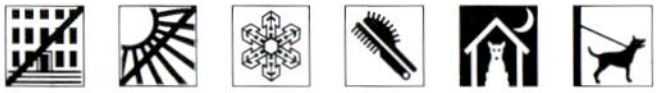

Die festen, schweren Schnüre fühlen sich wie Filz an

GESCHICHTE DER RASSE
Man glaubt, dass dieser grösste ungarische Hirtenhund vor etwa 1000 Jahren die Magyaren begleitete, als sie sich, aus dem Osten kommend, in Ungarn niederließen. Obwohl sein Name 1544 zum erstenmal erwähnt wurde, dauerte es bis 1910, bis der Komondor als moderne Rasse eingeführt war.

KUVASZ

Obwohl in ungarischen Geschichtsbüchern steht, dass König Matthias I. den Kuvasz im 15. Jahrhundert zur Wildschweinjagd verwendete, ist diese Rasse eigentlich kein Jagdhund. Der Hund ist ein unverbesserlicher Wächter, der lieber bei seiner Herde bleibt als auf die Jagd zu gehen. Der Kuvasz ist ein kraftvoller Hund, der gern sein Revier verteidigt und daher eine feste Hand braucht. Aber er ist ein treuer Begleiter und seine Menschenfamilie kann sich auf ihn verlassen.

Die Ohren sind hoch angesetzt und breit

Spitze schwarze Nase

GESCHICHTE DER RASSE Einige Experten glauben, dass dieser großartige, weiße Hirtenhund im 12. Jahrhundert mit den Kumans – nomadischen türkischen Hirten – nach Ungarn kam. Die Rasse wurde im 17. Jahrhundert erstmals erwähnt. Ihr Name kommt vom türkischen *kavas* oder *kawasz* und bedeutet soviel wie bewaffneter Wächter.

AUF EINEN BLICK

URSPRUNGSLAND Ungarn

ENTSTEHUNGSZEIT Mittelalter

URSPRÜNGLICHE VERWENDUNG Viehhüten

HEUTIGE VERWENDUNG Begleit- und Schutzhund

LEBENSERWARTUNG 12–14 Jahre

GEWICHT 30–52 kg

WIDERRISTHÖHE 66–75 cm

POLNISCHER NIEDERUNGSHÜTEHUND

Anhänger dieser Rasse sehen im ihr ein wichtiges Bindeglied zwischen den alten, schnürenfelligen Hirtenhunden, die vor mehr als 1000 Jahren aus Asien nach Europa kamen und den neueren, zottigen Hütehunden wie dem Bearded Collie und dem Schapendoes. Die Rasse wurde nach dem Zweiten Weltkrieg von polnischen Züchtern wieder belebt. Er ist heute in Polen und anderswo als Familienhund beliebt, besitzt aber noch seine ausgezeichneten Hüteeigenschaften.

Langes, dichtes, zotteliges Fell am ganzen Körper

AUF EINEN BLICK

URSPRUNGSLAND Polen

ENTSTEHUNGSZEIT 16. Jahrhundert

URSPRÜNGLICHE VERWENDUNG Jagdhund

HEUTIGE VERWENDUNG Begleit- und Hütehund

LEBENSERWARTUNG 13–14 Jahre

SYNONYM Polski Owczarek Nizinny

GEWICHT 14–16 kg

WIDERRISTHÖHE 41–51 cm

GESCHICHTE DER RASSE
Diese Rasse stammt wohl von mittelgroßen robusten Schäferhunden ab, die aus alten schnürenfelligen Hütehunden des ungarischen Tieflands und kleinen langhaarigen Berghunden entstanden. Während des Zweiten Weltkriegs starb die Rasse beinahe aus.

Üppiges Haar an Stirn, Wangen und Kinn
Gerader, ziemlich breiter Rücken
Mäßig gewölbte Rippen
Die Läufe sind mit dichtem, rauem Fell bedeckt

Alle Farben

BRIARD

Amerikanische Soldaten brachten diese zottelige, muskulöse Rasse nach dem Ersten Weltkrieg in die USA, aber es dauerte 50 Jahre, bis er wirklich Fuß fasste. Heute ist er einer der beliebtesten Begleithunde Frankreichs, obwohl sich erst in den 1970er Jahren Züchter der Probleme wie Scheu und Angstbeißen annahmen. Ein Hund aus einer guten Zucht benimmt sich seiner Menschenfamilie gegenüber gut, behält aber seine großartigen Hüteinstinkte. Er ist ein ausgezeichneter Hirtenhund, der durch sein dickes Fell gegen alle rauen Wetterverhältnisse geschützt ist.

GESCHICHTE DER RASSE Der frühe Ursprung des Briard ist unbekannt, doch man hat ihn einmal als »ziegenhaarige« Varietät des Beauceron klassifiziert. Es wird vermutet, dass er durch die Kreuzung jener Rasse mit dem Barbet (einem möglichen Vorläufer des Pudels) entstand. Der wachsame Briard, der nach der Region Brie benannt ist, diente in ganz Frankreich als Schäferhund.

REH

SCHWARZ

AUF EINEN BLICK

URSPRUNGSLAND Frankreich

ENTSTEHUNGSZEIT Mittelalter/ 19. Jahrhundert

URSPRÜNGLICHE VERWENDUNG Hüte- und Treibhund

HEUTIGE VERWENDUNG Begleit- und Schutzhund

LEBENSERWARTUNG 11–13 Jahre

SYNONYM Berger de Brie

GEWICHT 33,5–34,5 kg

WIDERRISTHÖHE 57–69 cm

Große, ruhige Augen
Eckiger Fang mit schwarzer Nase
Hoch angesetzte, kurze, mit Haaren bedeckte Ohren
Ausgeprägter Bart
Flexible, trockene Haare wie bei einer Ziege
Breite, tiefe Brust

BEAUCERON

Diese eigenwillige, aktive Rasse braucht eine feste Hand und sehr viel Auslauf – als Gegenleistung bietet sie lebenslange Treue und Bewachung. Der physisch unkomplizierte Hund hat einen wendigen, kraftvollen Körper. Die Gehorsamserziehung kann manchmal schwierig sein, erste Begegnungen mit anderen erwachsenen Hunden sollte man überwachen. Doch wie der Briard ist der Beauceron fast immer ein verantwortungsbewusstes Mitglied seiner eigenen Familie.

AUF EINEN BLICK

URSPRUNGSLAND Frankreich

ENTSTEHUNGSZEIT Mittelalter

URSPRÜNGLICHE VERWENDUNG Wildschweinhüten und -jagd

HEUTIGE VERWENDUNG Begleithund

LEBENSERWARTUNG 11–13 Jahre

SYNONYME Berger de Beauce, Bas Rouge

GEWICHT 30–39 kg

WIDERRISTHÖHE 64–71 cm

Geschichte der Rasse

Der Beauceron stammt ursprünglich aus der französischen Region Brie und ist eng mit dem Briard verwandt – beide haben eine doppelte Afterklaue (fünfte Zehe an der Hinterpfote). Im Aussehen eine gute Mischung aus Mastiff und Dobermann, ähnelt seine Anatomie stark 2000 Jahre alten Skelettfunden.

Schwarz/Loh

Schwarz

Harlekin

BOUVIER DES FLANDRES

Diesen robusten, Vieh treibenden, Wagen ziehenden Bauernhund gab es in einer Reihe von Fell- und Farbvarietäten, bis 1965 der heutige Standard entstand. Im Ersten Weltkrieg setzte man den Bouvier im französischen Sanitätskorps ein, dann ging der Bestand deutlich zurück.
Nur durch das Eingreifen der belgischen Union Cynologique wurde die Rasse vor dem Verschwinden bewahrt. Dieser kraftvolle und meist freundliche Hund, kann ziemlich aggressiv sein (ein Erbteil seiner »Viehtreiber«-Vergangenheit). Er ist ein guter Wachhund. Nicht nur in seiner Heimat, auch in Nordamerika schätzt man ihn als Begleit- und Bauernhund.

VIELE FARBEN

Die hoch angesetzten Ohren sind im Verhältnis zum Kopf klein

Der Rücken ist kurz, breit und kräftig

Das Deckhaar ist trocken, rau und matt

Flauschige, feine Unterwolle

Auf einen Blick

Ursprungsland Belgien/Frankreich

Entstehungszeit 17. Jahrhundert

Ursprüngliche Verwendung
Rinderhüten

Heutige Verwendung
Begleit- und Wachhund

Lebenserwartung 11–12 Jahre

Gewicht 27–40 kg

Widerristhöhe 58–69 cm

Geschichte der Rasse Mit Ausnahme des fast verschwundenen Bouvier des Ardennes hat nur diese Rasse aus der großen Vielfalt der belgischen Bouviers oder Rinderhunde überlebt. Er könnte sich aus Griffons (rauhaarigen Stöberhunden) und dem Beauceron alten Typs entwickelt haben.

Bergamasker Hirtenhund

Diese robuste und anpassungsfähige Rasse ähnelt in Aussehen und Wesen stark dem Briard. Doch der Bergamasker ist relativ unbekannt und stand oft kurz vor dem Aussterben. Das Fell des außergewöhnlich guten Arbeitshundes schützt ihn vor dem Wetter und vor aussschlagenden Rindern. Der anhängliche, mutige und treue Bergamasker ist ein großartiger Begleit- und Wachhund, allerdings nicht in der Stadt.

Im Welpenfell sind noch keine »Flocken«

Hasenpfoten mit schmalen Ballen und schwarzen Krallen

Auf einen Blick

Ursprungsland Italien

Entstehungszeit Altertum

Ursprüngliche Verwendung Viehhüten

Heutige Verwendung Begleit- und Schutzhund

Lebenserwartung 11–13 Jahre

Synonyme Bergamasco, Cane da Pastore Bergamasco

Gewicht 26–38 kg

Widerristhöhe 56–61 cm

Geschichte der Rasse Vor 2000 Jahren beschrieben römische landwirtschaftliche Schriften den idealen Schäferhund – nicht so schnell wie ein Laufhund oder so stark wie ein Hofhund, aber wendig und mutig genug, um Wölfe zu vertreiben. Der heutige Bergamasker, nach Bergamo in Norditalien benannt, erfüllt diese Forderungen.

CÃO DA SERRA DE AIRES

Den größten Teil des 20. Jahrhunderts begleitete der Cão da Serra de Aires arme Hirten in Südportugal, doch in den 1970er Jahren war er fast ausgestorben. Zum Glück wurden Züchter auf sein schönes Fell und sein fügsames Wesen aufmerksam und heute sichert das Interesse portugiesischer Hundebesitzer seinen Fortbestand. Er lernt leicht Gehorsam, ist kinderfreundlich, versteht sich mit anderen Hunden und schnappt oder beißt nur, wenn er provoziert wird. Obwohl er außerhalb seiner Heimat praktisch unbekannt ist, hätte dieser ungekämmt aussehende, klassische Hund international mehr Aufmerksamkeit verdient.

AUF EINEN BLICK

URSPRUNGSLAND Portugal

ENTSTEHUNGSZEIT 19. Jahrhundert

URSPRÜNGLICHE VERWENDUNG Hütehund

HEUTIGE VERWENDUNG Begleit- und Hütehund

LEBENSERWARTUNG 12–13 Jahre

GEWICHT 12–18 kg

WIDERRISTHÖHE 41–56 cm

GELB

REH

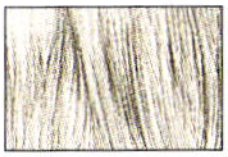

GRAU

BRAUN

SCHWARZ

GESCHICHTE DER RASSE Dieser zottelige Hüte-, Treib- und Wachhund aus den Ebenen Südportugals könnte von den Briards abstammen, die Graf de Castro Guimaraes importierte. Er verpaarte sie mit regionalen Berghunden oder dem Katalonischen Hirtenhund aus Spanien.

Cão da Serra da Estrêla

Jahrhundertelang hat dieser Hund, der Hirten durch das Estrelagebirge in Portugal begleitete, die Herden gehütet und vor Wölfen beschützt. Das dichte doppelte Fell, besonders der langhaarigen Varietät, gibt Schutz gegen kaltes Wetter. Der ruhige, doch von Natur aus dominierende Hund dient noch immer als Hütehund, doch auch als Begleithund. Außerhalb Portugals hat er in Großbritannien die meiste Beachtung gefunden, man sieht ihn häufig auf Ausstellungen. Hüftgelenksdysplasie kann auftreten, doch im Allgemeinen ist die Rasse gesund. Sie braucht eine feste Hand.

Auf einen Blick

Ursprungsland Portugal

Entstehungszeit Mittelalter

Ursprüngliche Verwendung Viehhüten

Heutige Verwendung Begleit- und Hütehund

Lebenserwartung 11–13 Jahre

Synonyme Portugiesischer Schäferhund

Gewicht 30–50 kg

Widerristhöhe 62–72 cm

Geschichte der Rasse Diese portugiesische Rasse ist die älteste der Iberischen Halbinsel. Sie stammt von alten asiatischen Doggen ab, die in den Westen gebracht wurden, und ist mit der Spanischen Dogge verwandt. Im 19. Jahrhundert wurde sie mit dem Deutschen Schäferhund gekreuzt, doch heute wird sie wieder rein gezüchtet.

Reh

Rot-gefleckt

Schwarz-gefleckt

PYRENÄENHUND

Die ersten Pyrenäenhunde, die als Haushunde gehalten wurden, hatten ein ziemlich bestimmtes, kriegerisches Wesen. In den letzten Jahren ist es den Züchtern gelungen, diese Merkmale abzuschwächen. Gleichzeitig wurden andere, wünschenswerte Eigenschaften wie Geduld und Furchtlosigkeit beibehalten oder sogar verstärkt. Wenn jemand in sein Revier eindringt, wird dieser Hund allerdings immer noch in Verteidigungsstellung gehen. Heute ist die Rasse in Großbritannien, Nordamerika und Frankreich fest etabliert. Durch ihre Größe ist sie für städtische Umgebung ungeeignet, es sei denn in der Nähe gibt es freie Flächen.

AUF EINEN BLICK

URSPRUNGSLAND Frankreich

ENTSTEHUNGSZEIT Altertum

URSPRÜNGLICHE VERWENDUNG
Schäferhund

HEUTIGE VERWENDUNG
Begleit- und Schutzhund

LEBENSERWARTUNG 11–12 Jahre

SYNONYME Pyrenäenberghund, Chien des Pyrénées

GEWICHT 45–60 kg

WIDERRISTHÖHE 65–81 cm

Geschichte der Rasse

Diese prächtige Rasse, einer der großen weißen Hirtenhunde, die sich über Europa verbreiteten, ist wohl mit dem Maremmaner, dem Kuvasz und dem Karabash verwandt.

Bergers des Pyrénées

Diese lebhafte Rasse ist für Geschwindigkeit, Ausdauer und Aktivität geschaffen. Die drei verschiedenen Felllängen sind ein deutliches Zeichen, dass sie zur Arbeit in bestimmten Klimazonen und nicht für Ausstellungen gezüchtet wurden. In ihrer Bergheimat arbeiteten sie einst mit dem Pyrenäenhund zusammen. Der Berger trieb die Schafe, während der Pyrenäenhund die Herde vor Wölfen schützte. Das Fell der langhaarigen Varietät ist ein perfekter Wetterschutz, selbst in kalten Wintern. Die relative Kleinheit und die Lernfähigkeit machen ihn zum guten Familienhund.

Auf einen Blick

Ursprungsland Frankreich

Entstehungszeit 18. Jahrhundert

Ursprüngliche Verwendung Schäferhund

Heutige Verwendung Begleit-, Hüte- und Wachhund

Lebenserwartung 12 Jahre

Synonyme Pyrenäenschäferhund, Labrit

Gewicht 8–15 kg

Widerristhöhe 38–56 cm

Geschichte der Rasse

Den Berger des Pyrénées, einen zierlichen, kleinen Verwandten des Katalonischen Hirtenhundes, gibt es als langhaarige, ziegenhaarige und kurzhaarige Varietät. Die wendige, ausdauernde Rasse stammt aus der französischen Pyrenäenregion zwischen Lourdes und Gavarnie und diente den Berghirten.

Reh

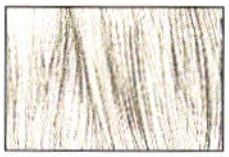
Grau

Rot-gestromt

Blau

Schwarz-gestromt

BERNER SENNENHUND

Die Beliebtheit des Berner Sennenhundes wächst rasch. In den 1930er Jahren legten manche Züchter Wert auf Größe und Schutzhundeigenschaften. Davon blieb bei manchen Zuchtlinien eine gewisse Unausgewogenheit im Temperament und unprovozierte Aggressivität zurück. Die Zucht mit einem kleinen Genpool hat Gesundheitsprobleme geschaffen, vor allem Schulterlähme. Als Arbeitshund, der zum Hüten und Karrenziehen abgerichtet wurde, lernt der Berner leicht Gehorsam und ist auf Ausstellungen erfolgreich. Er kann sehr liebenswert sein, doch am besten gehört er zu einem erfahrenen Hundeliebhaber.

AUF EINEN BLICK

URSPRUNGSLAND Schweiz

ENTSTEHUNGSZEIT Altertum/ 20. Jahrhundert

URSPRÜNGLICHE VERWENDUNG Ziehhund

HEUTIGE VERWENDUNG Begleithund

LEBENSERWARTUNG 10–12 Jahre

SYNONYM Dürrbächler

GEWICHT 40–44 kg

WIDERRISTHÖHE 58–70 cm

Die buschige Rute ist nicht geringelt

GESCHICHTE DER RASSE Der Berner Sennenhund, diese alte Rasse, wäre im späten 19. Jahrhundert fast ausgestorben. Damals fand Franz Schertenlieb, ein Züchter, der die Geschichte der Schweizer Sennenhunde erforschte, einige schöne Tiere bei Bern. Die Rasse bekam ihren heutigen Namen 1908.

GROSSER SCHWEIZER SENNENHUND

Neben dem Bernhardiner ist dies der größte der Schweizer Berghunde und vielleicht auch der älteste. Er war jahrhundertelang ein beliebter Ziehhund in Dörfern und auf Bauernhöfen. Der Bestand wuchs im frühen 20. Jahrhundert durch die Arbeit von Franz Schertenlieb und Albert Heim, die genug Tiere zur Wiederbelebung der Rasse ausfindig machten. Der Grosse Schweizer Sennenhund versteht sich mit Menschen, hat aber mitunter Probleme mit Artgenossen.

AUF EINEN BLICK

URSPRUNGSLAND Schweiz

ENTSTEHUNGSZEIT Altertum/ 19. Jahrhundert

URSPRÜNGLICHE VERWENDUNG Ziehhund

HEUTIGE VERWENDUNG Begleithund

LEBENSERWARTUNG 10–11 Jahre

GEWICHT 59–61 kg

WIDERRISTHÖHE 60–72 cm

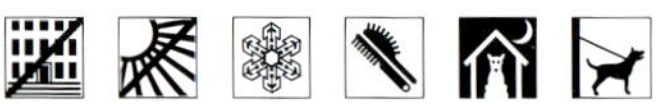

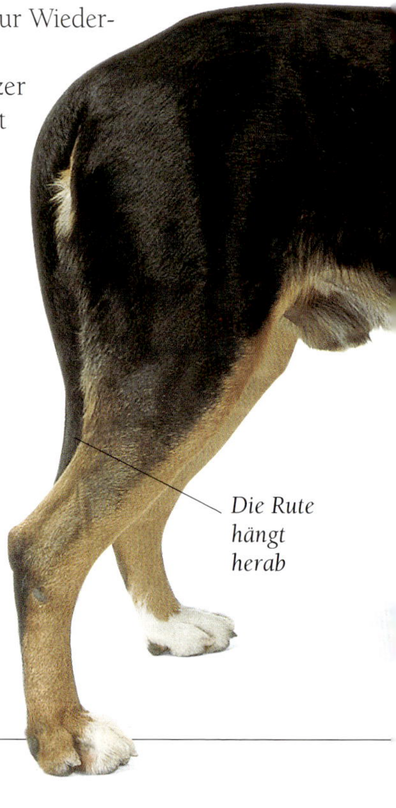

Geschichte der Rasse

Diese Rasse, ein möglicher Nachfahre der großen römischen Molosser, wurde im frühen 20. Jahrhundert von F. Schertenlieb »entdeckt«. Er brachte seine Entdeckung zu A. Heim, der den Hund für ausgestorben gehalten hatte. Durch diese Bemühungen wieder belebt, wurde er 1910 anerkannt.

BERNHARDINER

Man kann sich streiten, ob der Bernhardiner jemals im Schnee verschüttete Reisende gerettet hat, aber dieses Bild hat sich eingeprägt. Im Hospiz am Großen St. Bernhard werden diese Hunde seit dem 17. Jahrhundert gehalten – die Mönche nutzten sie als Zugtiere und priesen ihre große Kraft. Sie bahnten auch Wege durch Neuschnee. Der heutige Bernhardiner ist ein gutmütiger, muskulöser Riese, der wegen seiner Größe für Wohnungshaltung kaum geeignet ist.

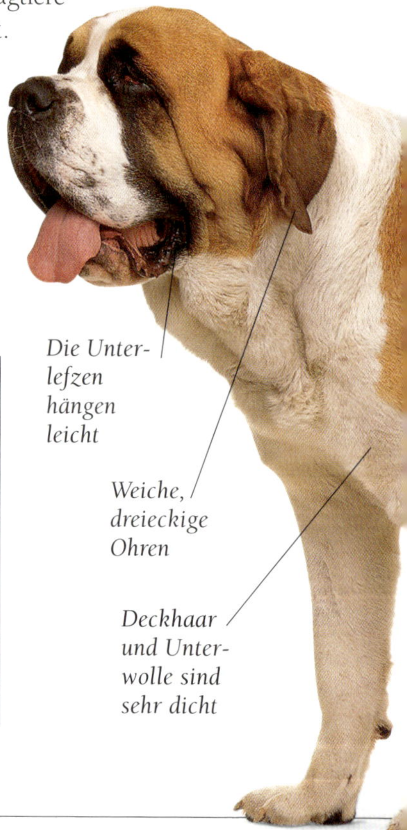

AUF EINEN BLICK

URSPRUNGSLAND Schweiz

ENTSTEHUNGSZEIT Mittelalter

URSPRÜNGLICHE VERWENDUNG Zieh- und Begleithund

HEUTIGE VERWENDUNG Begleithund

LEBENSERWARTUNG 11 Jahre

SYNONYM St. Bernhardshund

GEWICHT 50–91 kg

WIDERRISTHÖHE 61–71 cm

Geschichte der Rasse Der Bernhardiner, Nachkomme von Berghunden, die mit dem römischen Heer in die Schweiz kamen, war einst eine aggressive, kurzhaarige Rasse. Er war fast ausgestorben, wurde aber durch Einkreuzen von Neufundländern und Deutschen Doggen wieder belebt. Der Name kam 1865 in Gebrauch.

Freundliche Augen

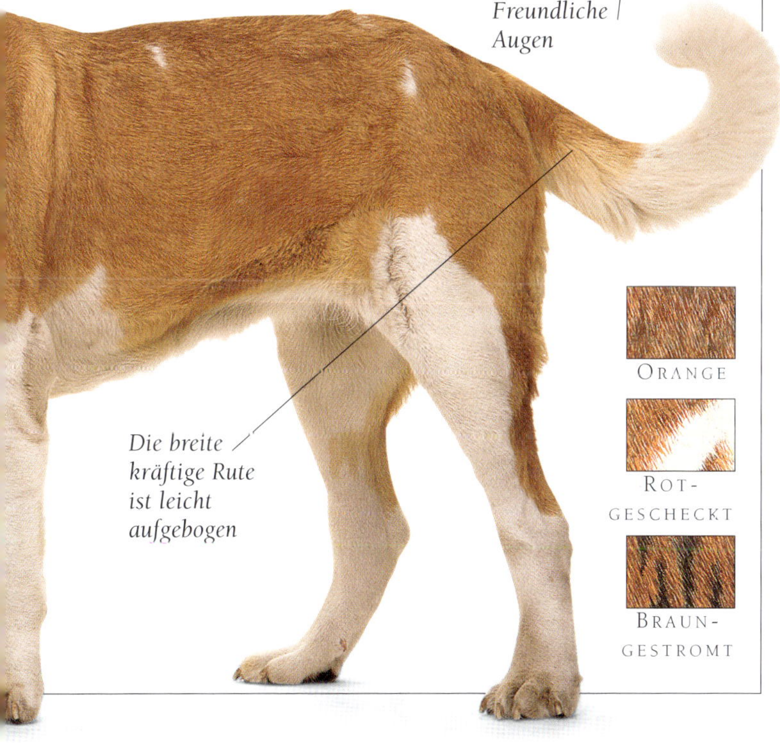

Die breite kräftige Rute ist leicht aufgebogen

Orange

Rotgescheckt

Braungestromt

LEONBERGER

Dieser gesellige Riese wäre im Zweiten Weltkrieg fast ausgestorben, hat aber in den vergangen Jahren in seiner Heimat, in Großbritannien und Nordamerika an Boden gewonnen. Beim ersten Auftauchen auf einer Ausstellung tat man ihn als »Rassegemisch« ab – und das ist er auch. Doch er ist ein ausgesprochen schöner Hund. Er ist ein leidenschaftlicher Schwimmer, der auch bei größter Kälte ins Wasser geht. Durch seine Größe ist er fürs Stadtleben weniger geeignet. Wie bei vielen »neugeschaffenen« Rassen kann auch bei ihm die Hüftgelenksdysplasie zum Problem werden.

AUF EINEN BLICK

URSPRUNGSLAND Deutschland

ENTSTEHUNGSZEIT 19. Jahrhundert

URSPRÜNGLICHE VERWENDUNG Begleithund

HEUTIGE VERWENDUNG Begleithund

LEBENSERWARTUNG 11 Jahre

GEWICHT 34–50 kg

WIDERRISTHÖHE 65–80 cm

Große, runde Pfoten mit Zwischenzehenhäuten, die das Schwimmen erleichtern

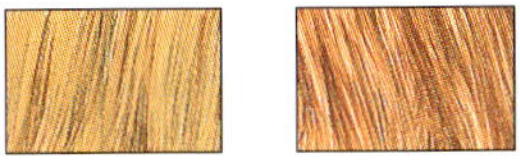

GELB, GOLD

ROT-BRAUN

Geschichte der Rasse Diese Rasse sollte dem Löwen im Wappen der Stadt Leonberg ähneln. Zu ihrer Züchtung wurden der Neufundländer, der Landseer (in Nordamerika und Großbritannien als Farbvarietat des Neufundländers geführt), der Bernhardiner und der Pyrenäenhund verwendet.

NEUFUNDLÄNDER

Der Neufundländer, eine der freundlichsten Rassen überhaupt, wurde ursprünglich beim Kabeljaufang zum ans Landziehen der Netze und zum Ziehen der Boote verwendet. Heute werden in Frankreich Neufundländer-Teams in der Seenotrettung eingesetzt. An Land eignet sich die Rasse gut als Ziehhund. Wenn dieser gutartige, fröhliche Hund ein Verhaltensproblem hat, ist es sein Hang, jeden, ob derjenige will oder nicht, aus dem Wasser zu retten. Er neigt zum Sabbern, ist aber ein wohlwollender und treuer Freund.

BRAUN

SCHWARZ

GESCHICHTE DER RASSE Die große Rasse stammt vom ausgestorbenen Greater St. John's Dog ab. Sie wird seit mehr als 100 Jahren nach dem gleichen Standard gezüchtet. Zu ihren Vorfahren gehören wohl nordamerikanische, Wikinger- und iberische Hunde.

AUF EINEN BLICK

URSPRUNGSLAND Kanada

ENTSTEHUNGSZEIT 18. Jahrhundert

URSPRÜNGLICHE VERWENDUNG Fischerhund

HEUTIGE VERWENDUNG Begleit- und Rettungshund

LEBENSERWARTUNG 11 Jahre

GEWICHT 50–68 kg

WIDERRISTHÖHE 66–71 cm

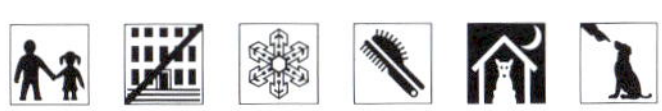

HOVAWART

Der Hovawart ist ein klassisches Beispiel für das Geschick der Hundezüchter in Deutschland vor 100 Jahren. Eine Gruppe engagierter Züchter, die den großen Hofhund des Mittelalters neu schaffen wollten, verwendete ausgewählte Bauernhunde aus dem Schwarzwald und dem Harz, und vielleicht den ungarischen Kuvasz, den Deutschen Schäferhund und den Neufundländer, um diesen eleganten Arbeitshund zu schaffen, der 1936 anerkannt wurde. Der Hovawart ist ein angenehmer Familienhund, obwohl manche Tiere zum Angstbeißen oder zur Scheu neigen. Er lernt leicht Gehorsam und versteht sich mit Hunden und Kindern.

Gerade, kräftige, gut befederte Vorderläufe mit mäßig großen Pfoten

Geschichte der Rasse Der »Hofwarth«, ein Hofhund, wird erstmals 1220 in Eike von Repgow's *Sachsenspiegel* erwähnt. Aufzeichnungen aus dem 15. Jahrhundert zeigen diese Rasse auf der Spur von Räubern. Der heutige Hovawart ist eine Nachzüchtung des 20. Jahrhunderts von diesem alten Wachhund.

Auf einen Blick

Ursprungsland Deutschland

Entstehungszeit Mittelalter/20. Jh.

Ursprüngliche Verwendung Hüte- und Hofhund

Heutige Verwendung Begleit- und Schutzhund

Lebenserwartung 12–14 Jahre

Gewicht 25–41 kg

Widerristhöhe 58–70 cm

ROTTWEILER

Der Rottweiler mit seinem kräftigen Körper und Gebiss bietet guten Schutz. Heute ist dieser wunderschöne Hund, Nachkomme früherer Wildschweinjäger, auf der ganzen Welt als Familien- und Wachhund beliebt. Er lernt zwar leicht Gehorsam, kann aber Launen haben. Züchter, vor allem in Skandinavien, haben diese Eigenschaft abgeschwächt.

AUF EINEN BLICK

URSPRUNGSLAND Deutschland

ENTSTEHUNGSZEIT 1820er Jahre

URSPRÜNGLICHE VERWENDUNG Treib- und Schutzhund

HEUTIGE VERWENDUNG Begleit-, Polizei- und Schutzhund

LEBENSERWARTUNG 11–12 Jahre

GEWICHT 41–50 kg

WIDERRISTHÖHE 58–69 cm

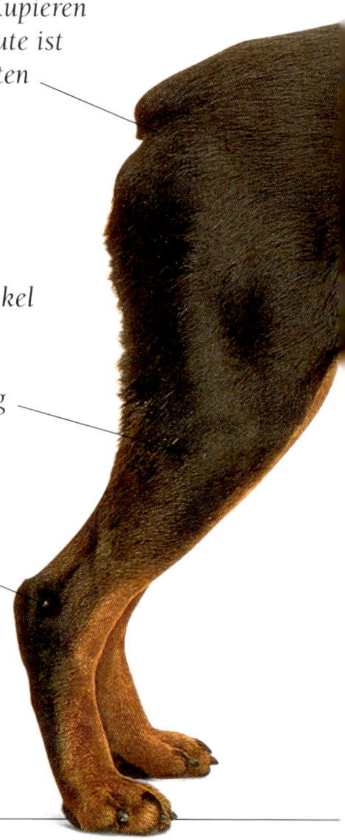

GESCHICHTE DER RASSE

Der Rottweiler wurde im 19. Jahrhundert in Rottweil als Zieh- und Schutzhund gezüchtet.

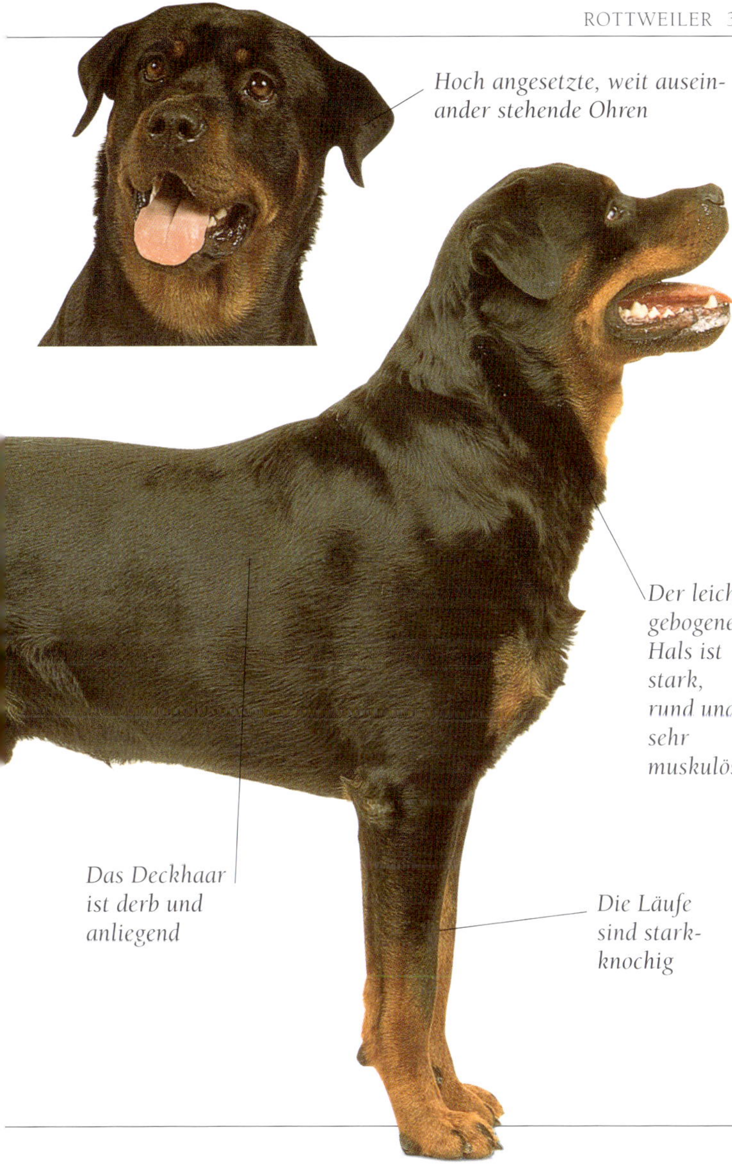
Hoch angesetzte, weit auseinander stehende Ohren
Der leicht gebogene Hals ist stark, rund und sehr muskulös
Das Deckhaar ist derb und anliegend
Die Läufe sind starkknochig

DOBERMANN

Der elegante, oft anhängliche Dobermann ist ein klassisches Beispiel für die erfolgreichen Zuchtprogramme, die man in Deutschland vor 100 Jahren durchführte. Heute ist diese gehorsame, aufmerksame und kluge Rasse auf der ganzen Welt ein beliebter Begleit- und Diensthund. Aufgrund verantwortungsloser Zucht tritt bei manchen Tieren Nervosität und Angstbeißen auf. Gute Züchter versichern jedoch, dass ihre Hunde weder scheu noch bösartig, sondern gut sozialisiert die Reise ins neue Heim antreten. Unglücklicherweise treten in verstärktem Maß Herzleiden bei dieser Rasse auf.

AUF EINEN BLICK

URSPRUNGSLAND Deutschland

ENTSTEHUNGSZEIT 19. Jahrhundert

URSPRÜNGLICHE VERWENDUNG Schutzhund

HEUTIGE VERWENDUNG Begleit- und Schutzhund

LEBENSERWARTUNG 12 Jahre

SYNONYM Dobermann-Pinscher

GEWICHT 30–40 kg

WIDERRISTHÖHE 65–69 cm

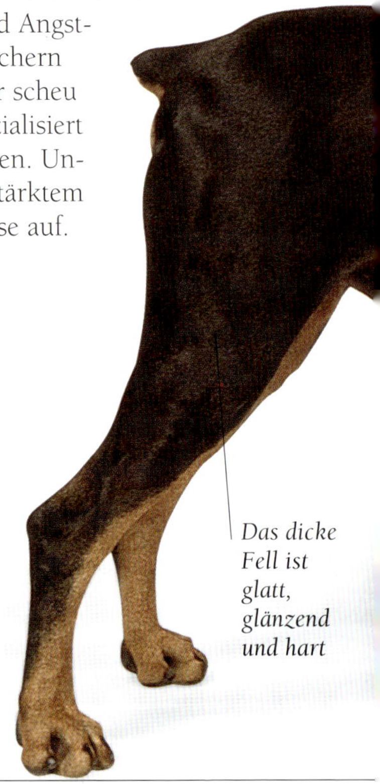

Das dicke Fell ist glatt, glänzend und hart

Geschichte der Rasse Ab 1870 verwendete der deutsche Finanzbeamte Louis Dobermann den Rottweiler, den Pinscher, den Weimaraner, den Greyhound, und den Manchester-Terrier zur Zucht dieser Rasse.

SCHNAUZER

Dieser aufmerksame Wächter ist die Originalrasse, aus der später Zwerg- und Riesenschnauzer hervorgegangen sind. Der deutsche Künstler Albrecht Dürer malte solche Hunde, ebenso Rembrandt. Es ist möglich, dass diese alte Rasse eine Kreuzung zwischen Spitzen und Wachhunden ist. Obwohl er heute meist als Begleithund gehalten wird, ist der Schnauzer noch ein ausgezeichneter Hütehund. Er lernt ziemlich leicht Gehorsam und kann zum Apportieren aus dem Wasser und an Land erzogen werden.

AUF EINEN BLICK

URSPRUNGSLAND Deutschland

ENTSTEHUNGSZEIT Mittelalter

URSPRÜNGLICHE VERWENDUNG
Rattenfänger, Wachhund

HEUTIGE VERWENDUNG
Begleithund

LEBENSERWARTUNG 12–14 Jahre

SYNONYM Mittelschnauzer

GEWICHT 14,5–15,5 kg

WIDERRISTHÖHE 45–50 cm

PFEFFER-SALZ

SCHWARZ

Starkes, derbes und dichtes Deckhaar bedeckt feine dicke Unterwolle

GESCHICHTE DER RASSE Der Schnauzer, einst Rattenfänger und Wachhund, wird oft als Terrier eingestuft. Die Rasse stammt aus Süddeutschland und den angrenzenden Gebieten der Schweiz und Frankreichs. Er hieß auch Schnauzer-Pinscher.

RIESEN-SCHNAUZER

Der Riesenschnauzer war einmal ein weit verbreiteter Hütehund in Süddeutschland, doch sein großer Futterbedarf machte ihn in schlechten Zeiten weniger attraktiv. In der zweiten Hälfte des 19. Jahrhunderts wurde der Hund als Metzger- und Wachhund wieder beliebt. Obwohl er kraftvoll und robust ist, ist er anfällig für Arthritis in Schulter- und Hüftgelenken. Da der Riesenschnauzer nicht übermäßig viel Auslauf braucht, eignet er sich auch fürs Stadtleben. Er setzt seine beträchtliche Kraft allerdings ein, um sein Revier zu verteidigen.

Die robusten, kräftigen Vorderläufe stehen nicht zu eng

PFEFFER-SALZ

SCHWARZ

Der Bart ist lang und derb

Von der Brust zu den Vorderläufen ist der Rumpf lang und breit

Kräftige, gut bemuskelte Schenkel

Auf einen Blick

Ursprungsland Deutschland

Entstehungszeit Mittelalter

Ursprüngliche Verwendung Viehtreiber

Heutige Verwendung Begleit- und Diensthund

Lebenserwartung 11–12 Jahre

Gewicht 32–35 kg

Widerristhöhe 59–70 cm

Geschichte der Rasse Dieser zuverlässige, widerstandsfähige Hund, der kräftigste der deutschen Schnauzer, entstand als größere Ausgabe des Mittelschnauzers. Als er 1909 in München erstmals ausgestellt wurde, verglich man ihn wegen seiner Größe mit einem Bären.

MASTIFF

Der Mastiff war in seiner langen Geschichte an der Entwicklung vieler Rassen beteiligt, unter anderem am Bullmastiff. Der Name kommt vermutlich vom angelsächsischen Wort *masty*, kraftvoll. Den Mastiff sieht man nur noch selten. Äußerst kräftig ist er einer der größten Hunde der Welt und benötigt viel Platz und Futter. Im Allgemeinen ist er leichtführig, kann aber einen übertriebenen Beschützerinstinkt entwickeln. Er braucht eine einfühlsame Hand.

Die Vorderläufe sind gerade, starkknochig und stehen auseinander

Große runde Pfoten mit gut gewölbten Zehen und schwarzen Krallen

AUF EINEN BLICK

URSPRUNGSLAND Großbritannien

ENTSTEHUNGSZEIT Altertum

URSPRÜNGLICHE VERWENDUNG Wachhund

HEUTIGE VERWENDUNG Begleit- und Wachhund

LEBENSERWARTUNG 10–12 Jahre

SYNONYM English Mastiff

GEWICHT 79–86 kg

WIDERRISTHÖHE 70–76 cm

GESCHICHTE DER RASSE Der Mastiff wurde schon vor 2000 Jahren von Großbritannien als Kriegs- und Kampfhund nach Rom ausgeführt. Vielleicht kam er mit phönizischen Händlern aus Asien oder mit anderen Kaufleuten über den Ural und Nordeuropa.

APRICOT-REH

SILBER-REH

DUNKEL-REH-GESTROMT

BORDEAUXDOGGE

Diese alte Rasse ähnelt stärker dem jüngeren Bullmastiff als dem alten Mastiff. Sie wurde ursprünglich in Südfrankreich zur Wildschwein- und Bärenjagd eingesetzt, später zum Viehtreiben. Wegen ihrer Furchtlosigkeit fand die Bordeauxdogge auch in Tier- und Hundekämpfen Verwendung. Erst nach einem amerikanischen Film mit Tom Hanks 1989 beachtete man die Rasse auch außerhalb Frankreichs. Im Gegensatz zum lässigen Star aus *Scott und Huutsch*, besitzt die Bordeauxdogge einige bemerkenswerte Eigenschaften wie unermessliche Kraft, Misstrauen gegen Fremde und den Hang, Fremden Angst zu machen.

Die tief angesetzte, dicke Rute ist nicht befedert

AUF EINEN BLICK

URSPRUNGSLAND Frankreich

ENTSTEHUNGSZEIT Altertum

URSPRÜNGLICHE VERWENDUNG Wach- und Jagdhund

HEUTIGE VERWENDUNG Begleit- und Wachhund

LEBENSERWARTUNG 10–12 Jahre

SYNONYM Dogue de Bordeaux

GEWICHT 36–45 kg

WIDERRISTHÖHE 58–69 cm

GESCHICHTE DER RASSE

Jahrhundertelange wurde die Gegend um Bordeaux von den Engländern beherrscht. Die Wachhunde in dieser Region wurden vermutlich mit Englischen Mastiffs und vergleichbaren spanischen Hunden gekreuzt. Daraus entstand diese kraftvolle Rasse.

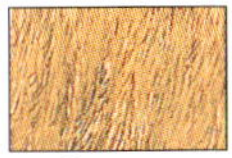

GOLD-REH

MAHAGONI

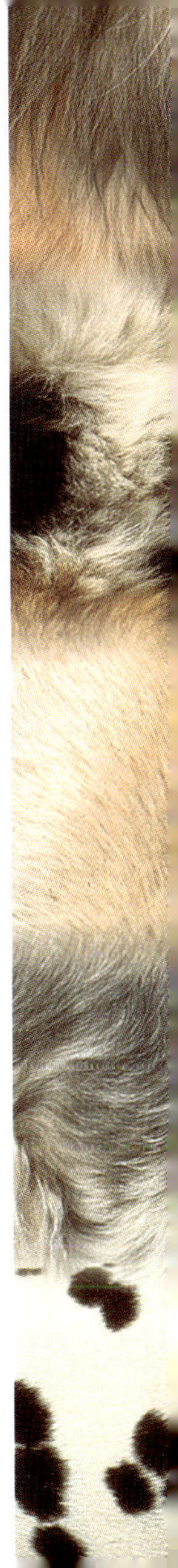

Mastino Napoletano

Diese Rasse wurde vor 50 Jahren vor dem Verschwinden gerettet. Der sabbernde Mastino muss früh sozialisiert und zum Gehorsam erzogen werden. Rüden neigen zum Dominieren. Er braucht nicht viel Auslauf, aber seine Größe macht die Haltung in der Wohnung schwierig. Die Rasse benötigt einen erfahrenen Hundehalter.

Das Kupieren der Ohren ist verboten

Auf einen Blick

Ursprungsland Italien

Entstehungszeit Altertum

Ursprüngliche Verwendung Beschützen der Herden, Kampfhund

Heutige Verwendung Begleit- und Schutzhund

Lebenserwartung 10–11 Jahre

Synonym Italienische Dogge

Gewicht 50–68 kg

Widerristhöhe 65–75 cm

Grau

Braun

Rot-gestromt

Schwarz-gestromt

Blau

Schwarz

Geschichte der Rasse Es gab den Mastino im italienischen Kampanien seit dem Altertum, doch er wurde 1947 erstmals ausgestellt. Er stammt vermutlich von römischen Kampf-, Kriegs- und Zirkusmolossern ab. Die Hunde kamen aus Asien über Griechenland ins Alte Rom.

TIBET-DOGGE

Einst beschützte die Tibetdogge Herden in Tibet und im Himalaja. Heute ist sie ein in Europa gezüchteter Ausstellungshund, der zwar selten, aber doch in ganz Europa verbreitet ist. Dieser massige Hund mit starken Knochen und großem Kopf ist der Stammvater vieler Berg-, Hüte- und Kampfhunde in Europa, Amerika und sogar Japan. Er ist lässig und reserviert und bleibt gern Zuschauer, doch zögert er nicht, sein Revier zu verteidigen.

GESCHICHTE DER RASSE Die Tibetdogge wurde im 19. Jahrhundert von britischen Züchtern vor dem Aussterben bewahrt. Sie gilt als Urahne der meisten europäischen Doggen. Man rühmt den ursprünglichen Hüte- und Wachhund wegen seines Mutes und seiner Größe.

Riesiger, breiter Kopf mit kurz behaartem Gesicht

Starkknochige Läufe

Langes, gerades Fell mit dicker, schwerer Unterwolle

Auf einen Blick

Ursprungsland Tibet

Entstehungszeit Altertum

Ursprüngliche Verwendung Hütehund

Heutige Verwendung Begleit- und Wachhund

Lebenserwartung 11 Jahre

Synonym Do-Khyi

Gewicht 64–82 kg

Widerristhöhe 61–71 cm

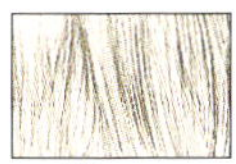

Grau

Gold

Schwarz

Braun

Schwarz/ Loh

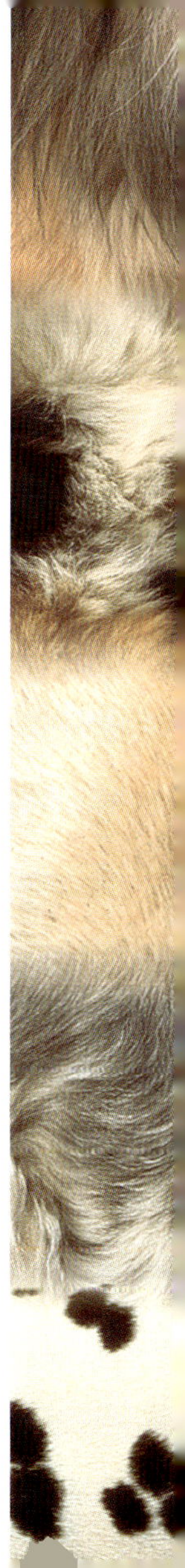

BULLDOG

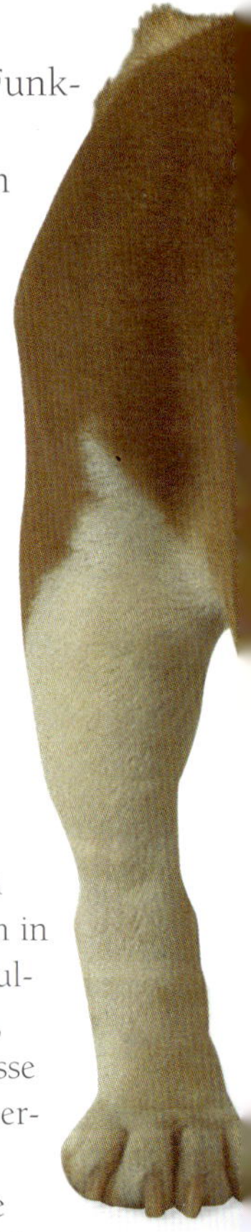

Nur wenige Rassen haben sich in Aussehen, Funktion und Wesen so völlig geändert wie der Bulldog. Das Wort »bulldog« verwendete man im 17. Jahrhundert für eine Rasse, die man aus Doggen, die als Bärenbeißer, und zähen Terriern, die zur Jagd verwendet wurden, züchtete. Der kräftige, entschlossene Bulldog war ein idealer Kampfhund, der sich bei Bullenkämpfen gnadenlos im Gegner verbiss, egal, wie schwer er selbst verletzt war. Der heutige sanfte Hund wurde für Ausstellungen gezüchtet, dadurch hat er Gesundheitsprobleme. Schade, denn die Rasse hat ein angenehmes Wesen und ist ein guter Begleiter.

AUF EINEN BLICK

URSPRUNGSLAND Großbritannien

ENTSTEHUNGSZEIT 19. Jahrhundert

URSPRÜNGLICHE VERWENDUNG Bullenkämpfe

HEUTIGE VERWENDUNG Begleithund

LEBENSERWARTUNG 9–11 Jahre

SYNONYME English Bulldog, Englische Bulldogge

GEWICHT 23–25 kg

WIDERRISTHÖHE 31–36 cm

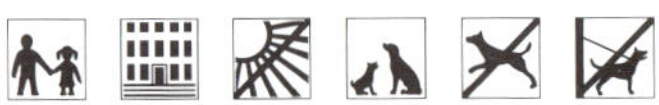

GESCHICHTE DER RASSE Als man in den 1830er Jahren in Großbritannien Bullenkämpfe verbot, war diese zähe Rasse in Gefahr, auszusterben. Der Züchter Bill George formte die Bulldogge auf ihr heutiges Erscheinungsbild und Wesen um, dabei dämpfte er ihr aggressives Wesen.

VIELE FARBEN

BULLMASTIFF

Theoretisch sollte der Bullmastiff einer der beliebtesten Wachhunde sein. Seine Ausdauer, Kraft und Geschwindigkeit wurden entwickelt, damit er Eindringlinge einholen und fassen konnte, ohne sie zu töten. Der attraktive, kraftvolle Hund hat sich in allen Kontinenten verbreitet, doch hat er nie die Beliebtheit seines deutschen Gegenstücks, des Rottweilers, erreicht. Der Grund dafür liegt darin, dass er oft sehr dickköpfig ist, nur schwer Gehorsam lernt und einen übertriebenen Beschützerinstinkt entwickeln kann.

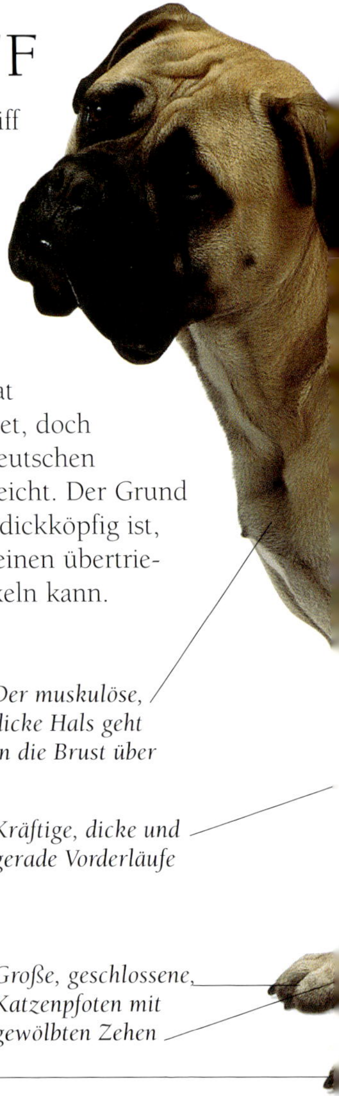

AUF EINEN BLICK

URSPRUNGSLAND Großbritannien

ENTSTEHUNGSZEIT 19. Jahrhundert

URSPRÜNGLICHE VERWENDUNG Wachhund

HEUTIGE VERWENDUNG Begleit- und Wachhund

LEBENSERWARTUNG 10–12 Jahre

GEWICHT 41–59 kg

WIDERRISTHÖHE 64–69 cm

Geschichte der Rasse Die Grundlage dieser großartigen Rasse ist 60 Prozent Mastiff und 40 Prozent Bulldog.

Der Bullmastiff wurde als Helfer der Wildhüter geschaffen, der jagen und auf Landgütern Wilddiebe stellen konnte.

BOXER

Der wilde, selbstbewusste Boxer ist einer der großen Erfolge der Hochleistungszucht, die in Deutschland vor 100 Jahren stattfand. Seine Persönlichkeit ist noch heute die gleiche, obwohl seine Größe von Land zu Land differiert – aktiv, anhänglich, energisch und verspielt. Der Boxer ist in vielerlei Hinsicht der ideale Familienhund. Da er sich jedoch ein Leben lang wie ein Welpe benimmt, schnell reagiert und relativ groß ist, kann er unbeabsichtigt ein Chaos auslösen. Durch sein muskulöses, furchterregendes Äußeres ist er ein großartiger Beschützer eines Hauses, gleichzeitig ist er zu Kindern freundlich und lammfromm.

Kurzes, glänzendes, glattes Haar bedeckt die mächtige Brust, die bis zu den Ellbogen hinabreicht

Große, geschlossene Pfoten mit starken Zehen

Reh

Gestromt

Auf einen Blick

Ursprungsland Deutschland

Entstehungszeit 1850er Jahre

Ursprüngliche Verwendung Wachhund, Bullenbeißer

Heutige Verwendung Begleithund

Lebenserwartung 12 Jahre

Synonym Deutscher Boxer

Gewicht 25–32 kg

Widerristhöhe 53–63 cm

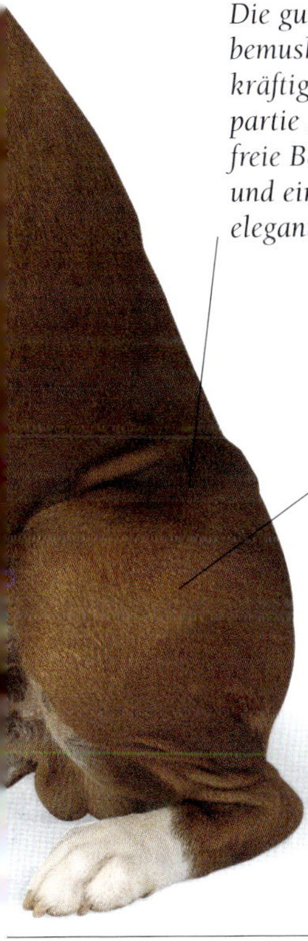

Die gut bemuskelte, kräftige Lendenpartie sorgt für freie Bewegung und einen eleganten Gang

Die langen Keulen sind breit, gebogen und kräftig

Geschichte der Rasse Der alte Bullenbeißer, Urahne der Rasse, wurde in Deutschland und Holland zur Hirsch- und Wildschweinjagd verwendet. Die heutige Form entstand aus Kreuzungen von Danziger und Brabanter Bullenbeißern mit ausländischen Rassen.

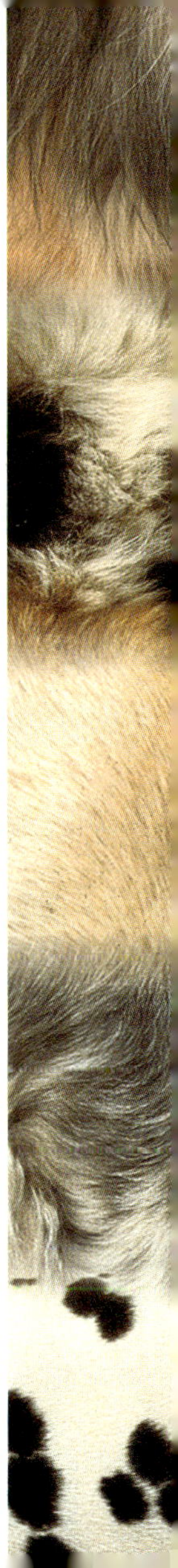

DEUTSCHE DOGGE

Die würdevolle, aber anhängliche Deutsche Dogge ist eine Art deutscher Nationalhund. Man kann sie vermutlich auf jene Hunde zurückführen, die von den Alanen, einem Skythenvolk aus dem asiatischen Russland, nach Europa gebracht wurden. Diese Kampfdoggen wurden wohl mit Windhunden gekreuzt, damit die heutige elegante, sanfte Rasse entstand. Allein die Größe der Deutschen Dogge kann zu Gesundheitsproblemen führen darunter Hüft- und Ellbogen-arthritis und Knochentumore.

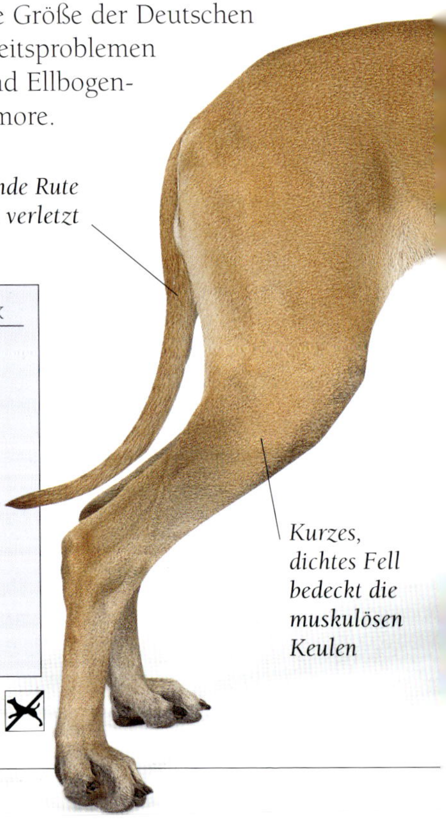

AUF EINEN BLICK

URSPRUNGSLAND Deutschland

ENTSTEHUNGSZEIT Mittelalter/ 19. Jahrhundert

URSPRÜNGLICHE VERWENDUNG Kriegshund, Hochwildjagd

HEUTIGE VERWENDUNG Begleit- und Wachhund

LEBENSERWARTUNG 10 Jahre

GEWICHT 46–54 kg

WIDERRISTHÖHE 71–76 cm

GESCHICHTE DER RASSE Die Deutsche Dogge geht auf den massigen Alaunt zurück, den Chaucer im 13. Jahrhundert erwähnte.

SHAR PEI

Keine andere Rasse der Welt sieht dem Shar Pei ähnlich. Im chinesischen Standard wird er wortreich beschrieben – Muschelschalenohren, Schmetterlingsnase, melonenförmiger Kopf, Gesicht einer Großmutter, Wasserbüffelhals, Pferdehinterteil und Drachenbeine. Die ersten Shar Peis, die von Hongkong in die USA exportiert und dort weitergezüchtet wurden, hatten ernste Augenprobleme und mussten oft operiert werden. Dieses Leiden konnte die weitere Zucht verringern, doch sind die Tiere immer noch anfällig für Hautleiden. Der Shar Pei kann manchmal aggressiv sein. Er eignet sich für Leute, die nicht allergisch auf Hunde reagieren und bereit sind, sie häufig zu baden.

AUF EINEN BLICK

URSPRUNGSLAND China

ENTSTEHUNGSZEIT 16. Jahrhundert

URSPRÜNGLICHE VERWENDUNG Kampf-, Hüte- und Jagdhund

HEUTIGE VERWENDUNG Begleithund

LEBENSERWARTUNG 11–12 Jahre

SYNONYM Chinesischer Kampfhund

GEWICHT 16–20 kg

WIDERRISTHÖHE 46–51 cm

Geschichte der Rasse Der Shar Pei, seit langem in der südchinesischen Provinz Guangdong heimisch, scheint von doggen- und spitzartigen Hunden abzustammen. Er ist mit dem Chow-Chow verwandt. Nachdem die Rasse durch das Hundeverbot in China fast ausstarb, wurde sie von Matgo Law aus Hongkong wieder belebt.

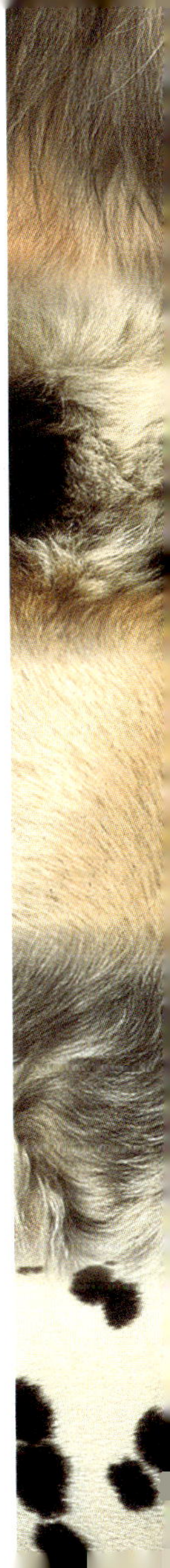

BEGLEITHUNDE

ALLE HUNDE KÖNNEN ALS BEGLEITER DIENEN. Meist werden diese Hunde von den Menschen, mit denen sie leben, als Mitglieder der Familie betrachtet. In fast allen Kulturen dieser Welt hält man Hunde als Haustiere. Einige Rassen wurden nur dazu entwickelt, dem Menschen Gesellschaft zu leisten und ihm Zuneigung entgegenzubringen.

Shih Tzu

KLEINE VORLÄUFER

Zwergwuchs, bei dem der Schädel sich vergrößert und wölbt, die langen Knochen sich verkürzen und die Gelenke sich verdicken, kam von Natur aus bei den Primitvhunden vor. Diese Zwerghunde waren die Vorfahren der heutigen kurzbeinigen Dackel und Bassets. Eine andere Verkleinerung (bei der alle Knochen gleichmäßig verkleinert werden) trat ebenfalls auf, manchmal zusammen mit Zwergwuchs – so entstand der Pekingese, der älteste Begleithund. Der Pekingese ist wohl mit dem Shih Tzu und den kleinen Hüte- und Wachhunden wie dem Lhasa Apso, Tibet-Terrier und Tibet-Spaniel verwandt. Heute sind diese Rassen robuste Hausgenossen und ihre Beliebtheit wächst rasch. Die alten Chinesen hielten kleine, haarlose Hunde, als Kuriosität und als lebende Wärmeflasche.

HOCH GEACHTETE BEGLEITER

In Japan wurde der Japan-Chin zum Begleiter des Adels, wie der Pekingese am chinesischen Hofe. In England übernahm diese Funktion ein Zwergspaniel (später King Charles Spaniel genannt). Dieser Spaniel arbeitete nie im Gelände, sondern diente nur dem König und seinen Günstlingen als »Objekt« der Zuneigung und Treue. In ganz Europa waren die kleinen, hell gefärbten Bichons Begleiter der Höflinge. Nahe Vorfahren der Löwchen, Malteser, Bichons Frisés und Bologneser sieht man auf Porträts der Herrschenden in Portugal, Spanien, Frankreich, Italien und Deutschland. Der Coton de Tulear ging mit den

Frauen der französischen Verwaltungsbeamten nach Madagaskar, während der Havaneser das Haustier reicher Italiener in Argentinien und auf Kuba war. Chihuahuas sind von Anfang an Begleithunde, während die größeren Hunde wie Mops oder die Französischen und Amerikanischen Bulldogs kleine Versionen von Arbeitshunden sind. Gleiches gilt für Zwerg- und Kleinpudel, die als »Gesellschafter« gehalten werden, und die Lernfähigkeit der großen Variante beibehalten haben. Der Dalmatiner, einst ein Laufhund, wurde nur noch wegen seines Fells gezüchtet und hat seine Jagdinstinkte verloren. Heute ist der lebhafte Hund ein unterhaltsamer Begleithund.

Chihuahua (langhaarige Varietät)

Neue Rassen

In Nordamerika und Holland wurden kleine Pudel mit anderen Rassen gekreuzt, um populäre Begleithunde zu schaffen, die vielleicht bald als neue Rasse anerkannt werden. Anderswo, vor allem in Australien, hat man den Pudel mit einem Labrador-Retriever gekreuzt und ihn Labradoodle genannt. Einige dieser Kreuzungen kennen keinen Fellwechsel und wurden als Führhunde für Blinde, die eine Hundehaarallergie haben, ausgebildet. Die Mischung Staffordshire Bullterrier/Boxer ist ein attraktives, robustes Tier, während die Kreuzung aus Bichon Frisé und Yorkshire-Terrier ein lebhafter Begleiter wurde. Auch Verkleinerung hat zu neuen Rassen geführt, wie zum Zwerg-Shar-Pei. Manche neue Rassen sind alte Rassen, die nie von Zuchtverbänden anerkannt wurden. Der beliebteste Begleit- und Familienhund der Welt ist und bleibt der Mischlingshund.

Bichon Frisé

BICHON FRISÉ

Der Bichon Frisé hat seit seinem Auftauchen in den späten 1970er Jahren eine große Anhängerschaft gefunden. Er ist schön, anpassungsfähig, fröhlich, mutig und lebhaft. Er ist nicht nur der ideale Begleithund, sondern auch robust – in Norwegen haben Bauern entdeckt, dass er sich zum Schafhüten abrichten lässt. Regelmäßige Fellpflege ist wichtig. Zähne und Zahnfleisch müssen überwacht werden, denn er neigt zu Zahnsteinbildung und Zahnfleischentzündungen. Im Gegensatz zu anderen Rassen mit weißem Fell neigt er nicht zu Hautallergien.

Das Haar der Rute fällt ohne Druck auf den Rücken

AUF EINEN BLICK

URSPRUNGSLAND Mittelmeerraum

ENTSTEHUNGSZEIT Mittelalter

URSPRÜNGLICHE VERWENDUNG Begleithund

HEUTIGE VERWENDUNG Begleithund

LEBENSERWARTUNG 14 Jahre

SYNONYM Bichon à Poil Frisé, Ténériffe

GEWICHT 3–6 kg

WIDERRISTHÖHE 23–30 cm

GESCHICHTE DER RASSE Der genaue Ursprung dieser anhänglichen Rasse liegt im Dunkeln. Im 14. Jahrhundert hatten Seeleute die Rasse nach Teneriffa gebracht und im 16. Jahrhundert war er ein Liebling am königlichen Hof.

Die pechschwarze Nase ist bei der Geburt rosa
Die runden, dunklen Augen sind dunkel umrandet
Die Hängeohren sind kleiner als beim Pudel
Die Krallen sind meist weiß, obwohl Züchter schwarz bevorzugen

MALTESER

Diese gutmütige, sanfte, manchmal empfindsame Rasse, die keinen Fellwechsel hat, wurde einst Malteser Terrier genannt. Sie entwickelt ein langes, üppiges Fell, das leicht verfilzen kann, besonders um den achten Lebensmonat, wenn das Welpen- durch das Erwachsenenfell ersetzt wird. Tägliche Pflege ist unabdingbar. Der Malteser ist fast immer kinderfreundlich. Er genießt es, Auslauf zu haben, aber wenn die Möglichkeit dafür fehlt, gewöhnt er sich an ein ruhigeres Leben.

Das Gewicht des langen, üppigen Haares biegt die Rute zur Seite

AUF EINEN BLICK

URSPRUNGSLAND Mittelmeerraum

ENTSTEHUNGSZEIT Altertum

URSPRÜNGLICHE VERWENDUNG Begleithund

HEUTIGE VERWENDUNG Begleithund

LEBENSERWARTUNG 14–15 Jahre

SYNONYM Bichon Maltais

GEWICHT 2–3 kg

WIDERRISTHÖHE 20–25 cm

Geschichte der Rasse
Phönizier brachten wohl den »Melita« (alter Name für Malta) vor mehr als 2000 Jahren nach Malta. Der heutige Malteser könnte eine Kreuzung aus Zwergspaniel und Zwergpudel sein.

BOLOGNESER

Der Bologneser ähnelt stark dem Malteser und spielte im Adel der italienischen Renaissance die gleiche Rolle. Der anhängliche Bologneser, heute sogar in Italien selten, ist etwas zurückhaltender und scheuer als sein bekannterer Vetter, der Bichon Frisé. Durch das weiße, baumwollartige Fell ist er auch für warme Gegenden geeignet. Der Bologneser genießt die Gesellschaft von Menschen und geht mit seinem Besitzer eine enge Beziehung ein.

AUF EINEN BLICK

URSPRUNGSLAND Italien

ENTSTEHUNGSZEIT Mittelalter

URSPRÜNGLICHE VERWENDUNG Begleithund

HEUTIGE VERWENDUNG Begleithund

LEBENSERWARTUNG 14–15 Jahre

SYNONYM Bichon Bolognais

GEWICHT 3–4 kg

WIDERRISTHÖHE 25–31 cm

Kleine Pfoten mit rosa oder schwarzen Krallen

GESCHICHTE DER RASSE Seinen Namen hat der Bologneser von der norditalienischen Stadt Bologna, doch möglicherweise stammt er von Bichons aus Süditalien. Beschreibungen dieser Rasse wurden seit dem 13. Jahrhundert aufgezeichnet.

Das Haar fällt in Büscheln

In Ruhe hängt die Rute, bei Aufmerksamkeit ringelt sie sich

Die Läufe sind mit langem Haar bedeckt

HAVANESER

Revolutionen behandeln Hunde selten freundlich. Neue Regierungen betrachten reinrassige Hunde oft als Symbole des *ancien régime*. Nach den Revolutionen in Frankreich, Russland und Kuba wurden die gehätschelten Rassen der einst herrschenden Klassen aktiv oder passiv ausgerottet. Der Havaneser ist heute in Kuba selten, aber in den USA beliebt. Der Havaneser ist ein natürlicher Begleithund, manchmal scheu und immer sanft und gehorsam. Er schließt sich eng an seine Familie an und ist kinderfreundlich.

AUF EINEN BLICK

URSPRUNGSLAND Mittelmeerraum

ENTSTEHUNGSZEIT 18./19. Jahrhundert

URSPRÜNGLICHE VERWENDUNG Begleithund

HEUTIGE VERWENDUNG Begleithund

LEBENSERWARTUNG 14–15 Jahre

SYNONYME Bichon Havanais

GEWICHT 3–6 kg

WIDERRISTHÖHE 20–28 cm

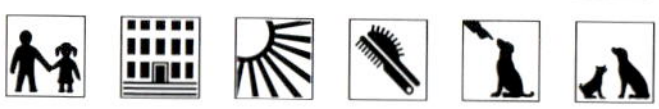

Geschichte der Rasse Der Havaneser könnte entweder von mit kleinen Pudeln gekreuzten Bolognesern oder von Maltesern abstammen.

Die ziemlich spitzen, dicht behaarten Ohren fallen leicht gefaltet herab

Das üppige Fell kann wellig oder lockig sein

Coton de Tulear

Jahrhundertelang war der Coton de Tulear ein Lieblingsbegleiter der reichen Bewohner von Tulear in Südmadagaskar, wo die Rasse rein gezüchtet wurde. Ein Hund mit ähnlicher Geschichte war auf Réunion, vor der Küste Madagaskars beliebt, starb aber aus. Der Coton, ein typischer Bichon (klein, hell gefärbt, Begleithund), hat ein langes, flauschiges Fell, das tägliche Pflege braucht. Anders als europäische Bichons neigt er zu gelben oder schwarzen Flecken im Fell. Diese sanfte, anhängliche und hellwache Rasse wird in den USA immer beliebter.

Auf einen Blick

Ursprungsland
Madagaskar/Frankreich

Entstehungszeit 17. Jahrhundert

Ursprüngliche Verwendung
Begleithund

Heutige Verwendung
Begleithund

Lebenserwartung 12–14 Jahre

Gewicht 5,5–7 kg

Widerristhöhe 25–30 cm

Geschichte der Rasse Der Coton, ein Verwandter des Bichon und des Bolognesers, kam vermutlich mit französischen Truppen oder Beamten nach Madagaskar. Er war fast unbekannt, bis er in den letzten 20 Jahren wieder in Europa und Amerika eingeführt wurde.

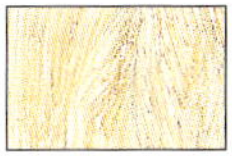

Weiss

Schwarz/Weiss

LÖWCHEN

Im Ursprung französisch hat diese lebhafte, echt europäische Rasse Ahnen in vielen Ländern Südeuropas. Goya ist einer von vielen Künstlern, die den kleinen Hund auf die Leinwand gebannt haben. Mit seiner Löwenschur wirkt er zerbrechlich und etwas komisch, doch dies ist absolut nicht der Fall. Das Löwchen ist ein robuster, sogar zäher Hund, der dickköpfig und hochnäsig sein kann. Vor allem Rüden lassen sich mit anderen größeren Hunden auf Rangordnungskämpfe ein. Wie bei den Pudeln muss das Fell zu Ausstellungszwecken geschoren werden.

AUF EINEN BLICK

URSPRUNGSLAND Frankreich

ENTSTEHUNGSZEIT 17. Jahrhundert

URSPRÜNGLICHE VERWENDUNG Begleithund

HEUTIGE VERWENDUNG Begleithund

LEBENSERWARTUNG 12–14 Jahre

SYNONYM Petit Chien Lion

GEWICHT 4–8 kg

WIDERRISTHÖHE 25–33 cm

ALLE FARBEN

GESCHICHTE DER RASSE Das Löwchen hat vermutlich den gleichen Ursprung wie andere Bichons des Mittelmeerraums. Es ist ungewöhnlich, aber nicht mehr selten.

Lhasa Apso

Die Tibeter züchteten Hunde auf ihr Wesen und nicht aufs Aussehen. Der Lhasa Apso war Wachhund im Haus: Bei einem ungewohnten Geräusch oder Anblick bellte er angriffslustig. Daher auch sein tibetischer Name: haariger bellender Hund. Solche Hunde waren im Palast des Dalai Lama besonders beliebt. Nach seinem Auftauchen im Westen gab es Verwirrung, er wurde anfangs mit dem Tibet-Terrier und dem Shih Tzu eingestuft. 1934 wurde jeder dieser Hunde als eigene Rasse anerkannt.

Kleiner, schwarzer Nasenspiegel

Auf einen Blick

Ursprungsland Tibet

Entstehungszeit Altertum

Ursprüngliche Verwendung Begleithund von Mönchen

Heutige Verwendung Begleithund

Lebenserwartung 13–14 Jahre

Synonym Apso Seng Kyi

Gewicht 6–7 kg

Widerristhöhe 25–28 cm

WEISS

BRAUN

GOLD

SCHWARZ

DREIFARBIG

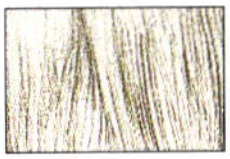

GRAU

GESCHICHTE DER RASSE Lange Zeit wurde diese Rasse ausschließlich in Tibet gezüchtet. Der erste Lhasa Apso kam 1921 in den Westen.

SHIH TZU

Obwohl er dem Lhasa Apso sehr ähnlich sieht, hat der Shih Tzu einen völlig anderen Ursprung und Charakter. Im Standard des vorrevolutionären Pekinger Zuchtverband heißt es, dass er »einen Löwenkopf, einen Bärenrumpf, Kamelhufe, einen Staubwedelschwanz, Palmblattohren, Reiszähne, eine perlmutterne Blütenzunge und die Bewegungen eines Goldfischs« haben sollte. Der Shih Tzu ist weniger reserviert und verspielter als sein tibetischer Doppelgänger, vermutlich ist er deshalb weltweit beliebter. Das Haar auf dem Nasenrücken wächst nach oben und wird oft auf dem Kopf mit einer Schleife zusammengebunden.

AUF EINEN BLICK

URSPRUNGSLAND China

ENTSTEHUNGSZEIT 17. Jahrhundert

URSPRÜNGLICHE VERWENDUNG Hund am kaiserlichen Hof

HEUTIGE VERWENDUNG Begleithund

LEBENSERWARTUNG 13–14 Jahre

SYNONYM Chrysanthemenhund

GEWICHT 5–7 kg

WIDERRISTHÖHE 25–27 cm

GESCHICHTE DER RASSE Obwohl der Shih Tzu am chinesischen Hof gezüchtet wurden, ist er zweifellos eine Kreuzung zwischen tibetischen Hunden und Vorfahren des Pekingesen.

Die Rute ist von Natur aus gerollt

ALLE FARBEN

Das Haar auf der Nase wächst nach oben
Die schwarze Nase ist von einem markanten Bart umgeben
Langes, dichtes Deckhaar

PEKINGESE

Nach den Regeln der chinesischen Kaiserwitwe Tzi Hsi sollte der Pekingese kurze, gebogene Läufe haben, um nicht weit zu laufen, eine Fellkrause um den Hals für eine würdevolle Aura und empfindliche Geschmacksknospen, damit er wählerisch wirkte. Andere auffallende Eigenschaften erwähnte sie nicht – die Sturheit eines Maulesels, das herablassende Gehabe und das Schneckentempo. Der Pekingese ist ein amüsanter, ruhiger Hund, der aus der Verbindung eines Löwen mit einem Affen stammen soll, so vereint er die Würde des Löwen mit der Anmut des Affen.

Die Nase ist zwischen den Augen plattgedrückt

Schwere Mähne und Krause aus langem, derbem Haar

Geschichte der Rasse Die Rasse war einst Exklusivbesitz des chinesischen Hofes und eng mit dem Buddhismus verbunden. Die ersten vier Tiere tauchten 1860 im Westen auf.

Auf einen Blick

Ursprungsland China

Entstehungszeit Altertum

Ursprüngliche Verwendung Begleithund

Heutige Verwendung Begleithund

Lebenserwartung 12–13 Jahre

Synonyme Pekinese, Peking Palasthund

Gewicht 3–6 kg

Widerristhöhe 15–23 cm

Alle Farben

Das üppige Fell verdeckt die krummen Beine

JAPAN-CHIN

Britische Züchter kreuzten diese Rasse wohl mit ihren eigenen Zwergspaniels, daher stammt die Ähnlichkeit zwischen dem heutigen Chin und dem King Charles Spaniel. Wie andere Rassen mit flachen Gesichtern kann er Herz- und Atemprobleme haben, doch der freche Chin ist robust und selbstbewusst. In Japan gehörten Chins adeligen Damen, heute begleiten sie reiche Europäer und Amerikaner.

AUF EINEN BLICK

URSPRUNGSLAND Japan

ENTSTEHUNGSZEIT Mittelalter

URSPRÜNGLICHE VERWENDUNG Begleithund

HEUTIGE VERWENDUNG Begleithund

LEBENSERWARTUNG 12 Jahres

SYNONYME Chin

GEWICHT 2–5 kg

WIDERRISTHÖHE 23–25 cm

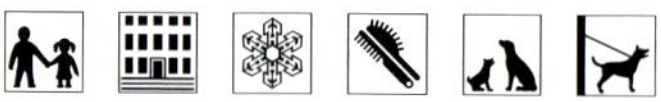

SCHWARZ/WEISS

ROT/WEISS

Geschichte der Rasse Sie stammt wohl vom Tibet-Spaniel ab. Sie kam im 17. Jahrhundert erstmals nach Europa als Geschenk portugiesischer Seeleute an Prinzessin Katharina von Braganza. Königin Victoria kaufte ein Paar vom amerikanischen Commodore Perry, nach seiner Rückkehr aus Japan.

TIBET-SPANIEL

Diese Rasse, nur dem Namen nach ein Spaniel, war nie ein Jagdhund. Es heißt, dass sie in Tibet abgerichtet wurde, um die Gebetsmühle zu drehen. Der Tibet-Spaniel, seit Jahrhunderten ein Klosterhund, diente vermutlich als Wachhund. In der Anatomie dem Pekingesen ähnlich, hat er höhere Läufe, ein längeres Gesicht und weniger Atem- und Rückenprobleme. Unabhängig und selbstbewusst ist er ein recht guter Begleithund.

AUF EINEN BLICK

URSPRUNGSLAND Tibet

ENTSTEHUNGSZEIT Altertum

URSPRÜNGLICHE VERWENDUNG Begleithund in Klöstern

HEUTIGE VERWENDUNG Begleithund

LEBENSERWARTUNG 13–14 Jahre

GEWICHT 4–7 kg

WIDERRISTHÖHE 24,5–25,5 cm

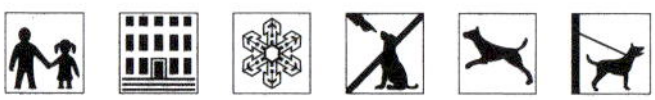

ALLE FARBEN

Die gut befederten Hängeohren sind recht hoch angesetzt

Dunkler Fang mit schwarzem Nasenspiegel

Kurze, kräftige Läufe

GESCHICHTE DER RASSE Ähnliche Hunde gab es im 8. Jahrhundert im heutigen Korea. Ob sie dort aus Tibet oder aus China eintrafen ist unklar. Der Tibet-Spaniel könnte der Stammvater der Rasse des Japan-Chin sein.

TIBET-TERRIER

Der Tibet-Terrier ist kein echter Terrier – er wurde nie als Erdhund gezüchtet. Einst wurde er von tibetischen Mönchen als Begleiter gehalten und war ihnen ein lautstarker Wachhund. In den Westen wurde er von einem britischen Arzt, Dr. Greig, gebracht, doch fand dieser aufgeweckte, neugierige Hund nie die Beachtung und Beliebtheit wie sein naher Verwandter, der Lhasa Apso. Doch er ist ein liebevoller Begleiter, braucht nur wenig Auslauf und lernt leicht Gehorsam. Der Tibet-Terrier ist Fremden gegenüber misstrauisch und sehr wachsam, er schlägt beim geringsten Anlass an.

AUF EINEN BLICK

URSPRUNGSLAND Tibet

ENTSTEHUNGSZEIT Mittelalter

URSPRÜNGLICHE VERWENDUNG Wachhund

HEUTIGE VERWENDUNG Begleithund

LEBENSERWARTUNG 13–14 Jahre

SYNONYM Dhoki Apso

GEWICHT 8–14 kg

WIDERRISTHÖHE 36–41 cm

Die großen Pfoten sind unter dem Fell versteckt

Geschichte der Rasse Dieser Terrier wurde früher als Gastgeschenk geschätzt. Man sagt, dass buddhistische Mönche die Hunde nomadischen Stämmen als Glücksbringer gaben. Die Rasse wurde in den 1930er Jahren in Europa eingeführt.

Viele Farben

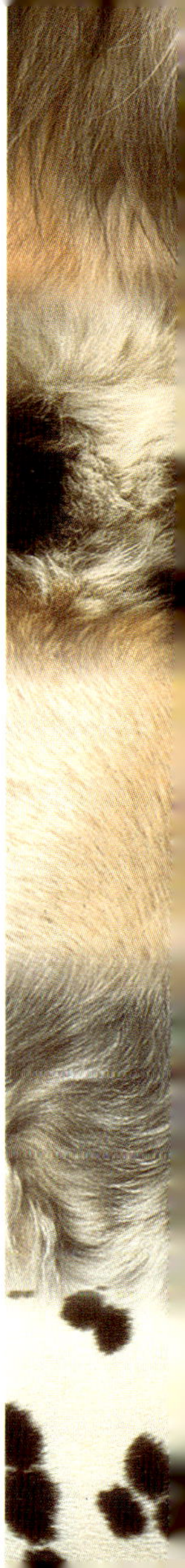

Chinesische Schopfhunde

Der ähnliche Körperbau lässt eine Verwandtschaft zwischen dieser Rasse und afrikanischen haarlosen Hunden vermuten. Nackthunde lassen sich nicht erfolgreich züchten – sie leiden meist unter Gebiss- und Krallenanomalien. Die Paarung haarloser Hunde ergibt oft behaarte Welpen, den "powder-puff"-Schlag. Die Verpaarung haarloser Hunde mit gesünderen Powder Puffs sichert den Bestand. Der Chinesische Schopfhund ist ein lebhafter, anhänglicher Begleiter, muss aber vor Kälte und Hitze geschützt werden.

POWDER-PUFF-SCHLAG

Die tiefe Brust ist gut isoliert

Während fast der ganze Körper haarlos ist, tragen Rute und Ohren langes Haar

Die Katzenpfoten sind mit langem Haar bedeckt

Geschichte der Rasse Man sagt den Chinesen nach, dass sie früher am erfolgreichsten Tiere domestizierten, doch es gibt keinen Beweis, dass der Chinesische Schopfhund aus China stammt. Man glaubt, dass die haarlosen Hunde in Afrika entstanden und mit Händlern nach Asien und Amerika kamen.

Hairless-Schlag

Die dreieckige Kopfform ähnelt der des Yorkshire-Terrier

Schlanker, eleganter Körper

Die einfarbige oder gefleckte Haut hellt sich im Sommer auf

Viele Farben

Auf einen Blick

Ursprungsland China/Afrika

Entstehungszeit Altertum

Ursprüngliche Verwendung Begleithund, Bettwärmer

Heutige Verwendung Begleithund

Lebenserwartung 12–13 Jahre

Synonym Chinese Crested Dog

Gewicht 2–5,5 kg

Widerristhöhe 23–33 cm

MOPS

Möpse sind gewöhnungsbedürftig, doch sie können zur Leidenschaft werden. Dieser lebhafte Hund ist streitsüchtig und individualistisch, dabei zäh und rechthaberisch. Er ist unabhängig und resolut – er weiß, was er will, und gibt nicht auf. Der kompakte, muskulöse Körper des Mopses, das platte Gesicht und der starre Blick verleihen ihm eine starke Persönlichkeit. Doch obwohl er dickköpfig und kräftig ist, wird er selten aggressiv. Er liebt seine Menschenfamilie und ist ein lustiger Begleiter.

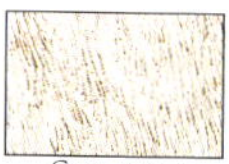

SILBER

APRICOT, REH

SCHWARZ

Kräftige, gerade Beine

Geschichte der Rasse Die Vorfahren des Mopses, im Fernen Osten vor etwa 2400 Jahren aus Doggen herausgezüchtet, waren Begleithunde buddhistischer Priester. Nachdem er im 16. Jahrhundert durch die holländische Ostindienkompanie in Holland eingeführt worden war, wurde er Begleiter von Adel und Königen.

Auf einen Blick

Ursprungsland China

Entstehungszeit Altertum

Ursprüngliche Verwendung Begleithund

Heutige Verwendung Begleithund

Lebenserwartung 13–15 Jahre

Gewicht 6–8 kg

Widerristhöhe 25–28 cm

King Charles Spaniel

Samuel Pepys und andere britisch Tagebuchschreiber berichten, dass König Charles II. wohl mehr Zeit mit seinen Spaniels als mit Staatsgeschäften zubrachte. Seine Hunde waren größer und hatten einen längeren Fang als die heutige Rasse. Im Wandel der Mode schrumpften Hund und Fang auf die heutige Größe. Möglicherweise wurden dafür Japan-Chin eingekreuzt. Der herrlich anhängliche Hund ist ein ausgezeichneter Begleithund in der Stadt.

Auf einen Blick

Ursprungsland Großbritannien

Entstehungszeit 17. Jahrhundert

Ursprüngliche Verwendung Begleithund

Heutige Verwendung Begleithund

Lebenserwartung 12 Jahre

Synonym English Toy Spaniel

Gewicht 4–6 kg

Widerristhöhe 25–27 cm

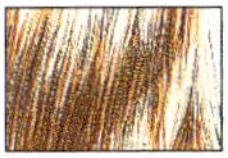
BLENHEIM

DREIFARBIG

SCHWARZ/LOH

ROT/LOH

Die tief angesetzten Ohren liegen an den Wangen an

Gerade Läufe mit kompakten gut befransten Pfoten

GESCHICHTE DER RASSE Im 17. Jahrhundert schuf die Auswahlzucht mit kleinen Spaniels einen Zwergspaniel, den man später nach seinem größten Bewunderer, König Charles II., benannte.

CAVALIER KING CHARLES SPANIEL

In den letzten Jahren ist der freundliche und anhängliche Cavalier sehr beliebt geworden. Er ist in vieler Hinsicht ein idealer Stadthund, bereit sich bei schlechtem Wetter auf dem Sofa zu räkeln, aber auch erfreut, wenn er meilenweit gehen und laufen darf. Leider hat die wachsende Beliebtheit der Rasse zu intensiver Inzucht geführt, die zum häufigen Auftreten tödlicher Herzleiden beigetragen hat. Die Lebenserwartung betroffener Hunde verringert sich von 14 auf nur zehn oder elf Jahre. Dies ist das häufigste Auftreten von Erbkrankheiten bei allen Rassen. Bei der Auswahl eines Cavaliers, sollte man unbedingt die medizinische Vorgeschichte über einige Generationen prüfen.

BLENHEIM

ROTBRAUN

SCHWARZ/ LOH

DREIFARBIG

Geschichte der Rasse In den 1920er Jahren setzte der Amerikaner R. Eldridge bei Cruft's Dog Show in London ein Preisgeld aus, für den, der einen King Charles Spaniel mit langer Nase ausstellte – wie auf Van Dycks Gemälde von König Charles II. In den 1940er Jahren wurde der Spaniel als Rasse eingestuft und bekam den Namenszusatz Cavalier.

Auf einen Blick

Ursprungsland Großbritannien

Entstehungszeit 1925

Ursprüngliche Verwendung Begleithund

Heutige Verwendung Begleithund

Lebenserwartung 10–14 Jahre

Gewicht 5–8 kg

Widerristhöhe 31–33 cm

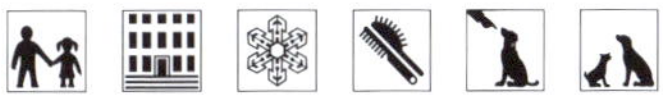

CHIHUAHUA

Der Chihuahua sieht klein und zerbrechlich aus, doch er ist aufgeweckt und mutig. Er ist nach dem mexikanischen Bundesstaat benannt, aus dem er zum ersten Mal in die USA exportiert wurde. Der aztekische Name der Rasse, Xoloitzcuintli, ist irreführend – dabei handelte es sich um ein anderes, größeres zentralamerikanisches Tier. Es ist auch zweifelhaft, ob wirklich blaue Tiere als heilig galten, rote rituell geopfert wurden. Der Chihuahua ist *der* Schoßhund. Er fröstelt beim kleinsten Lüftchen und fühlt sich am wohlsten bei seinem Menschen. Kurzhaarige und besser gegen Kälte geschützte langhaarige Varietäten sind treue, unterhaltsame, anhängliche Begleiter.

Die Langhaar-Varietät hat eine große Halskrause aus Deckhaar mit voller Unterwolle

Die kleinen Pfoten mit gebogenen Krallen

Geschichte der Rasse Der Ursprung der Chihuahuas ist geheimnisumwittert. Experten vermuten, dass kleine Hunde mit den spanischen Armeen von Hernando Cortes 1519 nach Amerika kamen. Eine andere Theorie besagt, dass die Chinesen vor der Ankunft der Europäer nach Amerika segelten und Zwerghunde mitbrachten. Der Chihuahua wurde in den 1850er Jahren in die USA exportiert.

Auf einen Blick

Ursprungsland Mexiko

Entstehungszeit 19. Jahrhundert

Ursprüngliche Verwendung
Begleithund

Heutige Verwendung
Begleithund

Lebenserwartung 12–14 Jahre

Gewicht 1–3 kg

Widerristhöhe 15–23 cm

Alle Farben

Kompakter, langer Körper

Die langhaarige Varietät ist seltener als die kurzhaarige

Französische Bulldoge

Obwohl hartnäckig behauptet wird, dass die Französische Bulldoge von einem spanischen Bullenbeißer (Dogue de Burgos) abstammt, geibt es Beweise, dass dieser oft eigensinnige kleine Hund kleinwüchsige Bulldogen aus Großbritannien als Ahnen hat. Erstaunlicherweise wurde die Französische Bulldoge als Rasse zuerst in den USA anerkannt. Sie entstand als tüchtiger Rattenfänger, wurde aber bald der Modehund der Pariser Arbeiterklasse. Heute ist die Rasse nicht mehr so häufig, doch sie hat gesellschaftliche Karriere gemacht und lebt jetzt in besseren Kreisen.

Auf einen Blick

Ursprungsland Frankreich

Entstehungszeit 19. Jahrhundert

Ursprüngliche Verwendung Bullenbeißen

Heutige Verwendung Begleithund

Lebenserwartung 11–12 Jahre

Synonym Bouledogue Français

Gewicht 10–13 kg

Widerristhöhe 30,5–31,5 cm

REH

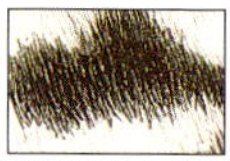

GESCHECKT

ROT-GESTROMT

SCHWARZ-GESTROMT

GESCHICHTE DER RASSE In den 1860er Jahren importierten französische Züchter einige sehr kleine Bulldoggen aus Großbritannien und kreuzten sie mit Terriern. Um 1900 war die Rasse in Paris als Metzger- und Kutscherhund beliebt.

PUDEL

Vor fünfzig Jahren war der Pudel der beliebteste Hund der Welt – ein modisches Accessoires in den Großstädten. Die Popularität führte jedoch zur wahllosen Massenzucht. Körperliche und Verhaltensprobleme schlichen sich bei dieser aufgeweckten und sehr lernfähigen Rasse ein und sie verlor an Beliebtheit. Heute, aus der Hand fachkundiger Züchter, sind Pudel wieder zuverlässige Begleithunde. Durch die Verkleinerung entsteht mitunter eine welpenhafte Abhängigkeit vom Menschen, doch gesunde Pudel behalten eine starke unabhängige Persönlichkeit. Pudel sind außergewöhnlich gehorsame, lernfähige und überlegte Begleiter.

AUF EINEN BLICK

URSPRUNGSLAND Frankreich

ENTSTEHUNGSZEIT 16. Jahrhundert

URSPRÜNGLICHE VERWENDUNG Begleithund

HEUTIGE VERWENDUNG Begleithund

LEBENSERWARTUNG 14–17 Jahre

GEWICHT

Toy-Pudel	6,5–7,5 kg
Zwergpudel	12–14 kg
Kleinpudel	14–19 kg

WIDERRISTHÖHE

Toy-Pudel	25–28 cm
Zwergpudel	28–38 cm
Kleinpudel	34–38 cm

GESCHICHTE DER RASSE

Großpudel wurden als Hüte- und Apportierhunde vor wenigstens 500 Jahren von Frankreich nach Deutschland gebracht. Sicherlich hatte man den Pudel damals schon auf die Größe des heutigen Toy-Pudels verkleinert.

VIELE FARBEN

Toy-Pudel

Die Ohren sind mit welligem Haar bedeckt
Das Fell wird in der Regel immer geschoren

Geschichte der Rasse Die kleinere Ausgabe des Pudels, der Zwergpudel, wurde in den 1950er und 1960er Jahren sehr beliebt. Diese wendige Rasse, die etwas größer ist als der Toy-Pudel, trat regelmäßig in der Zirkusmanege auf.

Zwergpudel

GESCHICHTE DER RASSE Obwohl er nicht überall anerkannt wird, wird der Kleinpudel – in der Größe zwischen Zwerg- und Großpudel – in manchen Ländern als eigene Rasse geführt.

Lebhafte Augen

KLEIN- ODER MITTELPUDEL

Das Haar muss häufig geschoren werden

Schwanz-quaste

Gerade, parallele Vorderläufe

DALMATINER

Heute wird der Dalmatiner nur noch als Begleithund gehalten, doch jahrhundertelang war er ein ausgezeichneter Gebrauchshund. Damals war er Meute-, Apportier- und Vogelhund. Man verwendete ihn zum Schafehüten und zur Schadtierjagd. In jüngerer Zeit trat er im Zirkus auf. Bis zum Aufkommen von Motorfahrzeugen war er auch Kutschenhund. Als einzige Hunderasse lief er er neben Pferdekutschen her und machte in belebten Gebieten den Weg für sie frei. Im 19. Jahrhundert ließen ihn amerikanische Feuerwehren die Pferde kontrollieren, von denen die Gerätschaften gezogen wurden. Heute dient dieser lebhafte Hund als Begleithund. Rüden können manchmal gegen andere Rüden aggressiv werden. Der Dalmatiner ist die einzige Rasse, die unter Harnsäuresteinen leiden kann.

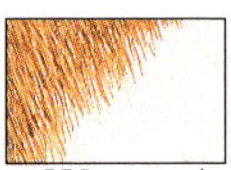

WEISS/ LEBER

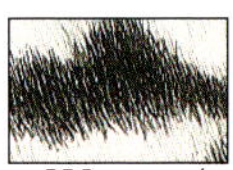

WEISS/ SCHWARZ

Auf einen Blick

Ursprungsland Balkan/Indien

Entstehungszeit Mittelalter

Ursprüngliche Verwendung Jagd- und Kutschenhund

Heutige Verwendung Begleithund

Lebenserwartung 12–14 Jahre

Gewicht 23–25 kg

Widerristhöhe 50–61 cm

Geschichte der Rasse Über 4000 Jahre alte griechische Friese zeigen Jagdhunde, die dem Dalmatiner ähneln. Obwohl Dalmatien, an der Küste der Adria, als Heimat dieser auffälligen Rasse bezeichnet wird, gibt es Belege, das sie aus Indien stammt und mit Händlern ins alte Griechenland kam.

MISCHLINGSHUNDE

ALLE – AUCH ALS PROMENADENMISCHUNGEN bezeichneten – Mischlingshunde haben eines gemeinsam: Sie werden nicht für einen bestimmten Zweck gezüchtet und die Gefahr, dass sie an erblichen Gesundheitsproblemen wie Blindheit, Herzleiden oder Hüftgelenksdysplasie leiden, ist viel geringer als bei rassereinen Hunden. Obwohl es Mischlingshunde häufig und preiswert gibt, sind sie treue wertvolle Begleiter.

EINFLÜSSE AUF DIE PERSÖNLICHKEIT

Die Persönlichkeit eines Hundes wird durch viele Faktoren beeinflusst, vor allem genetische und frühe Umwelteinflüsse. Erbeinflüsse spielen eine große Rolle – die Paarung von Hunden mit gleichem Charakter ergibt eher einen Hund dieser Wesensart als die Paarung von Tieren mit beliebigem Charakter. Dies ist die Grundlage der Auswahlzucht – wenn Sie eine bestimmte Rasse wählen, wird der Hund wahrscheinlicher bestimmte Charakterzüge haben als ein Mischlingshund. Die Gene bestimmen aber nicht das ganze Wesen. Die frühe Umgebung prägt auch stark. Mischlingswelpen, die ordentlich in einer Familie aufwachsen, werden zuverlässige Erwachsene. Leider sind Mischlinge oft das Ergebnis ungewollter Trächtigkeit und werden von den Besitzern vernachlässigt oder ausgesetzt. Bei diesen Tieren treten oft angstbedingte Verhaltensstörungen auf.

Ein aufmerksamer Wächter

STREUNENDE HUNDE

Streuner sind Mischlinge. Sie fressen, paaren sich, gebären und überleben außerhalb einer menschlichen Behausung, brauchen aber die Abfälle der Menschen zum Überleben. In Nordamerika und Nordeuropa gibt es nur wenige Streuner, in Lateinamerika, Teilen des Balkans und der früheren UdSSR, in der Türkei und dem

Ein robuster Mischling

Nahen Osten sowie Afrika und Asien sind sie häufig. Sie paaren sich beliebig, doch oft getreu dem Typ – wenn sie sich unter menschlicher Kontrolle paarten, würden regionale Mischlinge bald als Rasse eingestuft werden.

Die Anschaffung eines Mischlings

Am besten erwirbt man einen Mischlingswelpen von einem Nachbarn oder Freund. Dann kann man das Wesen der Mutter, und idealerweise auch des Vaters, beobachten. Einen Welpen zu wählen, gibt auch die Möglichkeit einer frühen Sozialisierung, wodurch die spätere Entwicklung stark beeinflusst wird.

In Tierheimen gibt es immer viele Mischlinge, die ein Zuhause suchen. Einige von ihnen werden erfolgreich als Behindertenhunde zu Gehorsam und für schwierige Aufgaben erzogen. Mitunter kann man bei Mischlingswelpen nur schwer die Größe vorhersagen– selbst innerhalb eines Wurfes gibt es beträchtliche Unterschiede. Gleiches gilt für Felllänge und -struktur.

Wesensprüfung

Hunde aus dem Tierheim haben häufiger Wesens- und Verhaltensprobleme als jene aus einem soliden Haushalt. Einige Heime prüfen den Charakter, mögliche Besitzer können auch selbst Situationen durchspielen, um die Persönlichkeit des Hundes zu testen. Ein Mischlingshund gibt gewöhnlich genauso viel Liebe und verbellt Eindringlinge ebenso schnell wie ein reinrassiges Tier. An Beharrlichkeit ist er nicht zu übertreffen.

Treue Kameraden

Register

A

B

C

D

E

F

G

H

I

J

K

L

M

N

O

P

Q